炼石补星辰，两月兴工当万历，缵禹之绪；凿山振河海，千年遗迹在三江，于汤有光。

——徐渭

绍兴市越城区政协 编

生活风景档案

File of Life and Landscape

Number 2

绍兴的塘与闸

Shaoxing's Dams and Sluice Gates

西泠印社出版社

前 言

金百富

绍兴的塘与闸是绍兴水文化的重中之重，其遗存则是绍兴人民治水、用水、兴水的重要实证。

由于特殊的地理环境，绍兴的历史，绍兴的文化，绍兴的发展都与水有关，因水而生，因水而兴，因水而美。而塘与闸作为重要的水利工程，古往今来，始终与绍兴人民的生活息息相关。直到今天，绍兴的许多地名还打着绍兴塘闸深深的烙印，如坡塘、南池、斗门、清水闸……

千年的塘闸文明，绍兴产生了许多脊梁式人物，他们用生命和智慧引导民众，建造了一个又一个塘闸工程。这些工程就是写在古越大地上最厚重、最鲜活，永不磨灭的艺术品。

我时常想，人们可以对王羲之的《兰亭序》顶礼膜拜，但对于汤绍恩的三江闸却缺少敬重。其实三江闸正是与绍兴人民的生存发展紧密相连的大地艺术，少了对这样的大地艺术的价值认知，实在是一件让人遗憾的事。弥补这样的遗憾，就是我们编纂此书的初衷。

21世纪的今天，我们又有了曹娥江大闸。曹娥江大闸是传承历史、启迪未来的里程碑，它的存在，也在表达历史文化名城绍兴对于大禹、马臻、汤绍恩等先贤的崇高敬意。

愿人们常常记得绍兴的塘与闸。

是为序！

目 录

概 说

绍兴水利，这一演绎于我国东部沿海，以塘与闸为主要建设实体，存在于历史上的越国中心区域——山会地区，即今日绍兴市越城区、柯桥区和部分上虞区境域内的人类水利活动，以其悠远的发展历史、科学的规划理念、先进的设计施工、系统的运行管理、巨大而持久的功能效益，在推动绍兴经济社会持续发展并成为经济发达地区等方面，发挥着基础性、转折性和关键性作用。

塘与闸是两种不同类型的水利工程建筑物。塘，一般指单面临水的挡水堤坝，其主要功能是挡水和拦水。以防洪、挡水为主的塘称为堤塘、堤岸、堤防，如河塘、海塘等；以拦水、蓄水为主的塘称为塘坝、陂塘，如池塘、塘库、库坝等。越文化区域内的世界文化遗产——约5000年前的杭州良渚堤坝，可视作我国最早的堤塘与塘坝的代表工程之一。闸，一般指双面临水，有上、下游水位差的用门控制水流的水利建筑物，早期称作斗门。东汉永和五年(140)，会稽太守马臻始创鉴湖和与之配套的三大斗门，后人考证为广陵斗门、蒿口斗门和玉山斗门，可视作绍兴最早的水闸工程。

得到"同代文字证明"，且有迹可考、遗址尚存的绍兴塘坝工程始于春秋战国时期，当时越国的青铜器已经相当成熟，铁器农具开始得到应用，不仅为大规模的、艰巨的水利施工提供了最重要的手段，而且为耕作大面积的富中塘田提供了先进的基础工具。同时，处于"非兴即亡"时期的越国，在频繁的战争中，建立起一个强化的、高效率的国家机构，比之过去有可能较大规模地组织人力物力，有力地推动了治水斗争。特别是在公元前492年至公元前473年"十年生聚，十年教训"的卧薪尝胆时期，为实现"兴越灭吴"和"争霸中原"的战略目标，越王句践把兴修水利作为振兴越国的基本国策，"或水或塘，因熟积以备四方"，在越国中心区域山会地区，领导创建了一大批技术先进、效益显著的水利工程。这批水利工程，加上句践以前兴建的水利工程，统称为越国水利，仅据《越绝书》记载，就有吴塘、苦竹塘、富中大塘、练塘、固陵港、山阴故水道、山阴故陆道、句践小城和山阴大城等。按工程类型，可分为堤坝工程、河道工程和防洪城墙三大类；按地形划分，又可分为山麓水利、平原水利和滨海水利三部分，构成了与山会地区"山—原—海"台阶式地形相适应的先秦越国水利体系。越国水利的成功创建，为东汉修筑鉴湖奠定了坚实的技术基础与物质基础，有的水利工程甚至直接成为鉴湖湖堤基础的一部分。

从周贞定王元年(前468)于越迁都琅琊,到东汉永和五年(140)修筑鉴湖的600余年间,受国都北迁、争霸中原、无疆失国、回走南山(会稽山)、越族流散、汉人南迁等的制约和影响,山会地区从越国中心区域下降为会稽郡下的山阴县,其以稻作农业和水利为基础的经济社会,也经历了从强盛到衰落,再到恢复发展的变迁过程。低谷时期,正如司马迁亲历这个地区所描述的:"楚越之地,地广人希,饭稻羹鱼,或火耕而水耨。"不但人口稀少,而且农业耕作倒退回山居时代的原始状态。东汉永建四年(129),会稽郡划分为吴郡和会稽郡,吴会分治及会稽郡治设在山阴,这是山会地区生产力走出低谷重新发展的一个标志。分治后不到11年,大型蓄水灌溉工程——鉴湖,就在区域经济发展的推动下,宣告诞生。

鉴湖,是我国长江以南最古老的大型蓄水灌溉陂塘工程,由会稽太守马臻始创于东汉永和五年(140)。唐杜佑《通典》引南朝宋孔灵符《会稽记·鉴湖》:"顺帝永和五年,会稽太守马臻创立镜湖,在会稽、山阴两县界。筑塘蓄水高丈余,田又高海丈余。若水少,则泄湖灌田;如水多,则闭湖、泄田中水入海。所以无凶年。堤塘周围三百一十里,溉田九千余顷。"鉴湖的设计施工,巧妙地利用"山—原—海"台阶式地形,在山麓环绕的平原地带,筑堤拦蓄成湖,抬高水位形成水位差,进行自流灌溉,再利用灌区地面与海面高差,排涝入海。工程的主要部分是湖堤。湖堤长度,《水经注·浙江水》记为"东西

百三十里"。现据考证,拦蓄堤以绍兴稽山门为中心,西至今柯桥区钱清大王庙村广陵桥(广陵斗门)为西湖堤,东至今上虞区樟塘新桥头村附近(蒿口斗门)为东湖堤,总长56.5千米;又南至禹陵建有分湖堤,将鉴湖分隔成东湖和西湖,湖总面积189.95平方千米,除去湖中岛屿,净水面积172.72平方千米(相当于30个今杭州西湖),平均水深1.55米,正常蓄水量2.68亿立方米,总库容达4.4亿立方米。工程的另一重要组成部分是涵闸灌溉设施,包括斗门、堰、闸和阴沟。除玉山斗门设于灌区外,其余均置于湖堤中。至宋代,有斗门8处、闸7处、堰28处、阴沟33处,共76处。此外,还在东、西湖各设1处则水牌,控制鉴湖溢洪,"凡水如则,乃固斗门以蓄之;其或过则,然后开斗门以泄之"。这样,鉴湖就成为蓄、灌、泄、排配套的完整、系统的蓄水灌溉枢纽工程,其面积之大、堤坝之长、设施之多,在相当长时期均居我国蓄水工程首位,堤堰软地基处理技术和潮汐河流斗门建筑技术,在当时处于国内领先地位。鉴湖在拦洪、蓄淡、灌溉、养殖、释咸、挡潮和航运等方面发挥的巨大效益,为山会萧灌区的近万顷农田,在以后的1000多年间,提供了灌溉保证,减少了自然灾害,改善了盐渍程度,扩大了土地垦殖,便利了交通航运,从而促进了经济社会的快速发展,奠定了绍兴现代河网水系和"鱼米之乡"的基础,开创了绍兴水利史上具有转折意义的鉴湖水利时期。

六朝,鉴湖从初创期进入发展期。鉴湖水利的不断发展,

推动了区域经济的日益繁荣和行政地位的显著提高；而经济发展和地位提升，又对鉴湖工程提出了扩大灌溉、航运功能的时代使命和要求，西兴运河正是在这种背景下疏凿的。西晋永嘉元年(307)，会稽内史山阴人贺循主持疏凿西起钱塘江南岸西陵(今西兴)、东至会稽郡城(绍兴城)，全长约50千米的西兴运河。运河基本上与鉴湖西湖堤平行布置，沟通了西鉴湖众多南北向灌溉、溢洪水道，形成灌溉渠系网络，故《嘉泰会稽志》称之为"凿此以溉田"。西兴运河在提高灌溉效率的同时，还与东鉴湖航道组合，沟通了西起钱塘江、东止鄞地(今宁波)入东海口的浙东运河全程，其交通航运功能从山会平原扩伸至整个宁绍平原，成为浙东地区通江达海的黄金水道之重要组成部分。

唐宋，鉴湖水利从进入全盛再走向衰落。唐代，随着鉴湖涵闸设施和管理制度的进一步完善，灌区后海沿岸山会海塘的大规模修筑，明州(今宁波)海港经济兴起推动浙东运河的地位提升，鉴湖在灌溉、防洪、航运等主要功能方面发挥的效益，开始从早期发展阶段进入全盛时期。特别是唐垂拱二年(686)始筑的五十里山阴后海塘和开元十年(722)以前修筑的百余里会稽防海塘，使山会平原北部后海沿岸，除留下直落江出三江口的数百丈入海缺口外，基本上得到了海塘的障护，出现了平原与后海隔离的发展趋势。有了海塘的拦蓄和拒潮，以及灌区河湖网的进一步整理，鉴湖的灌溉用水远及沿海地区，惠及几乎全部灌区，使鉴湖的灌溉功效达到前所未有的高度。而且，海塘还将鉴湖水和天然降水大部分拦蓄于灌区河湖网内，雍高了河湖网正常水位，使山会平原出现了南塘和北塘并存蓄水的局面。南塘即鉴湖堤，北塘即后海塘，"自唐以来，后海北塘成。蓄水于北塘之南、南塘之北者，……灌田数万顷"。两塘并存对鉴湖水利形势产生深刻影响。由于北塘具有将包括鉴湖区域在内的整个山会平原灌溉用水拦蓄于河湖网内的潜力，蓄水量可达到与鉴湖相仿的2.67亿立方米，又不需要淹田蓄水，且具有鉴湖远远不及的御潮功能，从而为鉴湖在南宋衰落并在明代被三江闸水利所取代，奠定了水利基础。宋代，尤其是北宋与南宋交际的不到200年时间，是鉴湖被围垦殆尽，迅速从全盛走向衰落的时期。史料记载，鉴湖围垦始于大中祥符年间(1008—1016)，至庆历年间(1041—1048)，为田不过四顷；治平、熙宁年间(1064—1077)，盗而田之者"盖七百余顷"；约绍兴末年(1157—1162)，占湖为田"盖二千三百余顷"，所谓鉴湖者，仅存其名。至南宋绍熙五年(1194)，鉴湖工程丧失拦蓄功能，湖内外水位差基本消失，终于衰落。其间发生的废湖与复湖的激烈斗争及疏挖复湖的尝试，均未能挽救鉴湖衰落的命运。究其原因，除鉴湖的人工湖泊属性、库区淤积、管理失控和后海塘兴起等水利因素外，部分湖田献作皇室私产和湖田"所入输于京师"所揭示的宋王朝腐败，以及宋室南迁导致区域人口爆发式增长对土地的需求，导致鉴湖迅速衰落。

鉴湖衰落后，山会地区失去了一座巨大的调洪蓄水工程，致使水旱灾害在南宋陡然增加，其水灾发生率是北宋的 5 倍，旱灾发生率更是北宋的 12 倍多，迫使山会农田水利转入艰苦的调整时期。调整从南宋初浦阳江改道开始，到明嘉靖十六年(1537)三江闸建成结束，长达 400 年。而调整初期的首要任务，则是解决山会平原的灌溉缺淡问题。何处觅水源？鉴湖已经衰落，山会地区水资源在后海塘封闭前又难以满足需要，唯一出路只能从平原西缘水资源丰富的浦阳江引入淡水。于是在浦阳江西出钱塘江的干道峡口砌筑碛堰，使浦阳江干流在萧山临浦附近转入原先的支道，使北流山会平原、东出三江口的浦阳江改道。史称临浦以下的浦阳江段为西小江，一名钱清江。然而，浦阳江一改道，这条流域面积 3452 平方千米的大河，东西横贯山会平原西部，形成潮汐河流，在提供大流量淡水资源的同时，也给山会平原带来了频繁的洪、涝、旱、潮灾害，几乎扰乱了平原水系，还使诸暨、山阴、萧山三县交界的浦阳江下游平原产生复杂的水利形势和行政纠纷，出现了始料不及的"弊大于利"局面。为扭转被动局面，宋明时期的绍兴水利转向对西小江的治理，实施了钱清堰、西小江塘、临浦坝、麻溪坝、白马山闸、扁拖诸闸修建，以及西兴运河疏浚和后海塘开挖泄洪等一系列措施，最终以建成三江闸封闭山会海塘、畅通碛堰，使浦阳江归复西出钱塘江故道为标志，结束调整，迎来了绍兴水利史上又一个辉煌的发展时期——三江闸水利时期。

三江闸位于古鉴湖玉山斗门以北，钱塘江、钱清江、曹娥江汇合处的三江口，由明绍兴知府汤绍恩建成于嘉靖十六年(1537)。闸位于马鞍山东麓的彩凤山与龙背山峡口，左右岸全长 103.15 米，28 孔，净孔宽 62.74 米。孔名系应天上星宿，故又称应宿闸。主体部分用千斤以上巨石"牝牡相衔，胶以灰秫"筑成。其结构合理，建造精密，历 480 余年而屹立于今。三江闸的首要功绩是，切断了潮汐河流钱清江的入海口，最终消除了数千年来潮汐上溯平原带来的无穷灾害。闸成后，又筑配套海塘数百丈，将绵亘二百余里的山会海塘封闭连通，最终确立了拱卫山会萧平原的完整御潮屏障。从此，钱清江成为内河，山会平原与萧山平原连成一片成为绍萧平原，区域内形成以会稽山溪河为上游水源、河湖网为蓄水主体、运河为灌排干渠、直落江为主要泄水入海河道、三江闸为蓄泄枢纽、山会海塘为御潮屏障的新水利格局。这种新局面，在三江闸存续运行期间称为三江闸水利。三江闸的第二个功绩是，基本解决了长期为之奋斗的绍萧平原排涝问题。在浦阳江归复故道，切断与绍萧平原的联系之后，三江闸控制流域面积 1520 平方千米，正常泄流量 280 立方米／秒，能使区域内三日降水 110毫米的暴雨排放入海，安全度汛，从而彻底改变了决海塘泄洪的被动局面，使"水无复却行之患，民无决塘、筑塘之苦"。三江闸的第三个功绩是，提高了绍萧平原河湖网的蓄水能力。

由于三江闸主扼内河水系入海咽喉,可以人为控制蓄泄,因而在主汛期外,均可闭闸蓄水,或开少数闸门泄水,保持了内河较高的正常水位,提增了河湖网的蓄水量,以满足灌溉、航运和城市供水等多方面需要,"旱有蓄,潦有泄,启闭有时,则山会萧之田去污莱而成膏壤",从此,绍兴成为名符其实的"鱼米之乡"。

明嘉靖十六年(1537)三江闸建成至清乾隆二十四年(1759)钱塘江江道北移北大门期间,是三江闸水利的创立、发展和全盛时期。随着钱塘江江道主槽从紧掠山会平原北缘的南大门北移并稳定于海宁沿岸的北大门,萧山、山阴、会稽后海塘外的南大门逐渐淤积,形成广袤的南沙半岛及三江口外的乾、坤两块沙地,至同治、光绪年间,"山阴、会稽、萧山三县之北境,东至蛏山,西迄龛山(杭坞山),北临大海,三十年间亦沙涨数十里"。严重的淤涨逼使山会平原东缘的曹娥江入海口不断向西北延伸,最后发展到纳入三江闸原有入海口,使三江闸泄水由直接入海变为入曹娥江后再入海,大大增加了闸外江道淤涨的风险和频率。当钱塘江涌潮挟泥沙沿闸港涌至闸下,泥沙沉积造成闸港淤塞,危及三江闸泄水,只好进行人工疏浚。有记载的闸港疏浚始于清康熙十一年(1672)至三十二年(1693),21年间共浚闸港4次。嗣后浚港不绝。最严重的一次闸港淤塞发生在同治五年(1866)。是年闸前沙益壅,闸港"几不可识","内河水溢,民用昏垫",泄水严重受阻,次年

开浚,"并掘开闸前淤沙三千丈"。民国年间多次浚港,但屡浚屡淤。频繁地浚港,仅显一时之效,难以与自然变迁抗衡,不能从根本上解决三江闸的外淤之患。三江闸的泄水功效无可挽回地走向衰退。1972年,绍兴县围涂封堵入江口,三江闸完成了长达435年光荣而又沉重的使命,被1981年竣工的新三江闸所取代,三江闸水利终至落幕。

中华人民共和国成立后,随着国家和地区经济实力的增强,以及现代科学技术的进步,绍兴水利继承前人的治水经验,根据新时代的治水使命,制订"上蓄、中疏、下泄"的治水方略,趋利避害,科学治水,取得了一个个令人瞩目的成就,将原始水利治水患、传统水利水保障,提升到现代水利水生态的新高度。

上蓄。为提高山区、半山区农田防洪、抗旱能力,20世纪50年代中期至70年代,绍兴县政府发动全县人民,自力更生,艰苦奋斗,在山区、半山区兴修山塘水库,建成中小型水库57座、山塘1401座,总蓄水量6748万立方米,使山区"靠天田""大寨田"一定程度上实现旱涝保收,山区饮用水有了来源。一些闻名遐迩的水库就建于这一时期,如1964年竣工的当时绍萧平原最大的水库,也是绍兴县唯一的中型水库——平水江水库,还有兰亭解放水库、富盛方家坞水库、稽东鹅湖水库等。之后转入除险加固扩建及小流域水土治理和封山育林阶段,使水库的寿命进一步延长,效益得到进一步发挥。为

解决绍兴水质性缺水问题，中共绍兴市委、市政府建设"民心工程"汤浦水库。水库位于曹娥江下游支流小舜江，距绍兴城区约44千米，水域面积接近14平方千米，总库容2.35亿立方米，设计最大日供水100万立方米，是一座以供水为主，防洪、灌溉和改善水环境相结合的大型水库。1997年12月8日动工兴建，2001年元旦建成供水，总投资9.47亿元，使绍兴、宁波两地300余万人受益。

中疏。与上游兴修山塘水库同步，是对平原河道的大规模持续性整治。围绕充分发挥河湖网蓄泄效能，1963年建成中型排涝水闸——马山闸，1981年建成绍萧平原排涝枢纽——新三江闸。之后，为配套两闸所进行的河道拓宽、浚深、砌岸等治理之举年复一年，至今不息。从1984年提出河道砌坎每年100千米的目标，至1993年，共完成平原河道砌坎1200余千米。21世纪初，实施河道"三清"（清淤、清草、清障）工程，河道治理进入新的阶段。至2005年底，境内累计疏浚河道1968.77千米，完成疏浚土方达1331.5万立方米。2007年，治江围涂基本结束后，又实施了防洪排涝河道整治工程。南起钱清西小江，经华舍、安昌、齐贤、马鞍，北至滨海工业区滨海闸，全长53.25千米。至2011年初，已完成河道整治11.2千米，建成滨海排涝闸和节制闸各一座。目前，绍萧平原河湖网主要由柯桥区调度控制，汛期正常水位3.90米，警戒水位4.33米，排涝能力已从中华人民共和国成立初的二年一遇

提高到近十年一遇（即三日雨量254毫米不受淹）。

下泄。随着排涝枢纽——新三江闸和我国首座河口大闸——曹娥江大闸的相继建成，绍兴水利仅用了62年时间，就完成了从三江闸水利到新三江闸水利再到曹娥江大闸水利的飞跃。与此同时，修筑各类海塘95千米，其中五十年至百年一遇标准曹娥江海塘38.28千米，百年一遇标准钱塘江一线海塘5.8千米，为拱卫绍兴平原和百万人民生命财产安全，构建起坚实的御潮屏障。

20世纪末以来，绍兴人民创新治水理念，加快城市水利建设，先后对绍兴环城河、古运河、龙横江、柯桥城河、瓜渚湖、大小坂湖和鉴湖等，实施以提高城市防洪、排涝标准为基础，集水利、城建、生态、景观、文化、旅游于一体的综合整治，为古城绍兴奉献了一大批水利精品。

绍兴环城河工程——一河八景。该河始凿于公元前5世纪越王句践、大夫范蠡建城之时，距今已有2500年历史。由人工疏挖和整理天然河流而成，外与浙东运河、鉴湖相连，内与水城门、城内河道沟通，全长约12千米，因多年积累，致河道淤浅、河岸坍损、水质变差、环境杂乱，防洪、排涝标准下降。1999年夏，中共绍兴市委、市政府决策进行整治，两历寒暑，投资10亿元，新砌高标准城河堤24千米，浚挖淤泥40万立方米，拆迁旧房64万平方米，建成景区、绿化面积50万平方米，重现蓝天、碧水、绿地的水乡美景。沿河新建、重建治水广场、

西园、百花园、迎恩门、河清园、都泗门、稽山园、鉴水苑八大园景，若璀璨明珠镶嵌于古城四周，再现绍兴作为江南水乡的无限风情。现为国家级风景区，获国家人居环境奖。

绍兴古运河工程——一河七景。即浙东运河绍兴段，又称西兴运河，其前身山阴故水道始凿于公元前 5 世纪，是我国有记载的先秦三条古运河之一。浙东运河又是中国大运河的南端，以历史悠久、功效卓著、文化深厚闻名海内外。整治工程东起绍兴迎恩门外喜临门桥，西至钱清行义桥，全长 12.5 千米，历时四年，至 2005 年底，已完成投资约 3 亿元，共修砌河坎、纤道 16 千米，建成景区、绿化面积 36 万平方米。沿河设置运河园、谢桥风情（待建）、柯亭公园、三桥四水、阮氏酤酒、古桥展览馆、刘宠纪念馆（待建）七大景区。其中运河园有运河纪事、运河风情、古桥遗存、浪桨风帆、唐诗之路、缘木古渡六个景点，一步一景，步步入胜。现为国家级水利风景区，获 2006 年中国优秀园林古建金奖。

与此同时，随着水利科技的不断创新和城市化浪潮的迅速兴起，绍兴水利在满足防洪、灌溉、排涝需求的基础上，开始向水资源合理利用、水生态涵养保护和跨流域城市供水方面主导发展，实现了从传统水利到现代水利的又一次历史性飞跃，其代表性工程就是曹娥江大闸，从而诞生了取代新三江闸水利的曹娥江大闸水利。

曹娥江大闸是中华人民共和国成立以来我国第一河口大闸，也是浙东引水工程的配水枢纽。位于钱塘江涌潮区，钱塘江南岸规划岸线的曹娥江河口，东距曹娥江南岸的新三江闸 15 千米，东南距绍兴市区 30 千米。曹娥江大闸为大（Ⅰ）型水闸，以防潮（洪）、治涝、水资源开发利用为主，兼具改善水环境和航运功能。工程于 2005 年 12 月 30 日正式开工，至 2009 年 6 月 28 日全面建成，总投资 12.38 亿元。大闸与钱塘江南岸海塘连成一线，成为保护萧绍姚平原 490 万人口和 21.33 万公顷耕地的御潮屏障，将流域的抗击风暴潮和防洪排涝能力提高到前所未有的高度。大闸建成后，曹娥江由潮汐河流变为内河，宁绍平原连成整体，奠定了浙东水利一体化的基础。特别是在引富春江水经宁绍平原再跨海至舟山群岛的跨流域工程中，曹娥江大闸发挥了调蓄、输送的枢纽作用，与其他配套工程一起，开创了浙东引水的新时代。

富中大塘

洋湖泊段高中大塘遗址

公元前 494 年,吴越交战,越国为吴国所败,越王句践夫妇在吴为人质三年。回国后,句践忍辱负重,经历了"十年生聚,十年教训"的卧薪尝胆时期,为实现"兴越灭吴"和"争霸中原"的战略目标,把兴修水利作为振兴越国的基本国策,"或水或塘,因熟积以备四方",在越国中心区域——山会地区,领导创建了一大批技术先进、效益显著的水利工程。这批水利工程,加上句践以前兴建的水利工程,统称为越国水利。据《越绝书》记载,越国水利包括富中大塘、吴塘、苦竹塘、练塘、固陵港、山阴故水道、山阴故陆道、句践小城和山阴大城等。按工程类型,可分为堤坝工程、河道工程和防洪城墙三大类;按地形划分,又可分为山麓水利、平原水利和滨海水利三部分,构成了与山会地区"山—原—海"台阶式地形相适应的先秦越国水利体系。越国水利的成功创建,使越国由弱变强,终于一举灭吴。取得胜利虽有着诸多因素,但富中大塘及越国众多相关水利工程的兴建,为复兴越国起到了至关重要的作用,并为东汉修筑鉴湖奠定了坚实的基础。

若耶溪是我国历史上久负盛名的一条溪水。李白有诗曰："遥闻会稽美,且度耶溪水。"若耶溪发源于今绍兴市柯桥区平水镇龙头岗,沿会稽山北麓宛转而下近百里,进入平原河网地带,汇入鉴湖。沿岸群山峻岭称奇,寺庙道观林立,湖光山色相映,猿啸鸟鸣清幽。晋唐以来,若耶溪成为文人骚客的神往之地。诗人如谢灵运、杜甫、李白、元稹、孟浩然、刘长卿、范仲淹、王安石、苏轼、陆游等,都来此游吟,留下了许多优秀诗篇。

"富中大塘者,句践治以为义田,为肥饶,谓之富中,去县二十里二十二步。"(《越绝书》卷八)据考,富中大塘位于山会平原东部,大致位置,西起今绍兴城外若耶溪东岸至东湖鸟门山偏南,到东湖坝口,再东偏北到富盛溪西侧的坝头山止,介于若耶溪和富盛溪之间,除去山丘面积,塘内有约6万亩宽广肥沃的农田。

富中大塘及周边主要有三条山溪来水:西为若耶溪,因若耶溪到河口集雨面积为136.73平方千米,富中大塘无法调蓄若耶溪汛期洪水,因此,富中大塘摒若耶溪于塘之外,使若耶溪洪水不至危害这一地区;中为攒宫溪,集雨面积至河口为30.6平方千米;东为富盛溪,集雨面积到河口为9.7平方千米。此两江年产径流约2815万立方米。以上两江之水直接汇入富中大塘,淡水资源可谓充足。富中大塘塘坝在与山阴故水道及若耶溪相隔处有闸堰存在,闸堰一方面起到了蓄水作用,塘内水位略高于故水道水位;另一方面,每当汛期洪水来临,塘内水位高涨时,开启沿塘闸门,行洪排涝,使塘内不受水淹。

坝口村由翠湾、同心2个自然村组成。同心村旧名史家岙村,二村合并时双方都不愿意放弃自己的名字,最后考虑到域内有个老地名叫"坝口",就一致同意叫"坝口"。

也幸亏叫了"坝口",使我们自然想到这里是春秋越国富中大塘的一头,与另一头"坝头山"可以产生联想,否则富中大塘就找不到坐标了!从而也可见地名作为非物质文化的重要性。

吼山段富中大塘遗址

由于山阴故水道、故陆道的存在，北部咸水不再侵入富中大塘，塘内蓄起了丰富的淡水资源，山阴故水道成为富中大塘的灌溉运河。夏秋干旱，塘内水位低于故水道和若耶溪水位，水资源发生短缺，此时可开启闸门直接引淡水至塘内以供生活、生产之用。

在交通运输上，由于山阴故水道和故陆道在富中大塘北缘，为塘内生活、生产提供了便捷的交通条件，既有陆路大道，又有水上要道，可谓当时越国交通最发达之地。

富中大塘建成以前，於越部族的农业生产相当落后。此塘兴建后，山会平原的水利条件有了很大程度的改善，农业生产的重心开始由山丘向平原水网地带转移，这是於越部族自海侵后较大规模向平原开发发展的第一步。水稻逐步成为主要农作物，良好的种植条件使稻谷产量和质量不断提高，"三年五倍，越国炽富。"甚至吴王夫差也称："越地肥沃，其种甚嘉，可留使吾民植之。"（《吴越春秋》卷九）到公元前 481 年，约 30 万人口的於越部族，已经储备了可供 5 万精锐部队需要的粮食。富中大塘的建成也为

《塘城碑记》

塘城渡槽

塘城在今绍兴市越城区富盛倪家溇窑糕山（大舌头山）与乌龟山之间，长约550米，高近8米。整个坝体雄伟壮观，坝上翠竹葱茏、茅草丛生，是越国时期水利堤坝保存相对较好的一座，但文献失载。20世纪60年代末，绍兴县平水江水库灌区革命委员会筑干渠（渡槽）引水灌溉农田，旱堤上置庄富支渠，经年而弃。后因平陶公路拓建，塘城被挖十丈（约33米），剖面断层结构清晰可见。坝内为宋六陵，坝外是倪家溇村。倪家溇村长竹园有"战国窑址"，是越国时期重要的陶瓷工场，现系全国文物保护单位。文物部门还在坝体上发现多处汉代以后的墓葬塘城。

坝内村

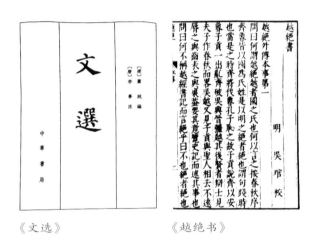

《文选》　　　　《越绝书》

山会平原自然环境的改造和经济、文化的发展奠定了重要基础。

《文选·吴都赋》载："富中之氓，货殖之选。"说明富中居民的家境富裕。《文选注》在引书中把《越绝书》称为《富中越绝书》，由此可见富中大塘在当时越国的地位和影响。

东汉永和五年(140)，会稽郡太守马臻在这一地区主持兴建鉴湖，发挥效益达 600 年之久的富中大塘水利工程遂被纳入鉴湖拦蓄之中。

坝内段富中大塘遗址

句践(约前520—前465)传为禹四十三世孙。公元前494年,越败于吴,句践被吴羁押。三年后回国,与文种、范蠡等人励精图治,发展生产,二十年由弱转强,大破吴国,称霸中原。以"卧薪尝胆,发愤图强"著称后世。

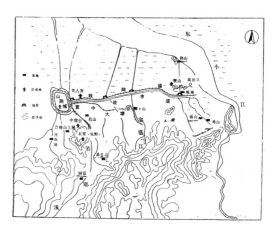

春秋越国(山会平原)示意图

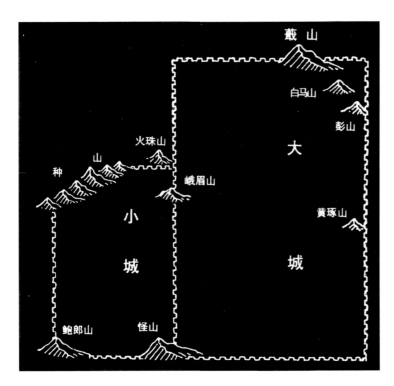

句践自吴回国后,听从范蠡"今大王欲国树都,并敌国之境,不处平易之都,据四达之地,将焉立霸王之业?"之言,委任范蠡"筑城立郭,分设里闾"。公元前490年,范蠡在今绍兴市越城区,依托九座孤丘(种山、蕺山等),先筑小城,继筑大城。小城是越国的政治中心,大城为经济中心。

句践于前490—前489建立小城,山阴故水道环绕其外侧,阻隔了北部潮汐,拦阻了南部山区突发之洪水,并且成为水上航运的主干道,还为生活提供了较为充足的淡水资源;富中大塘又在其城东部,成为主要粮食生产基地。正是这两处重要水利工程,使绍兴城的形成有了命脉和基础保障。范蠡在构筑小城时,设"陆门四,水门一"。这是绍兴城市建设中的第一座水城门,位置在今绍兴城卧龙山以南的酒务桥附近,沟通了小城内外的河道。之后,又建大城,《越绝书》卷八载"大城周二十里七十二步,不筑北面"。大城设"陆门三,水门三"。大小城范围内设四个水门,表明了城中河道水系之发达。据考证,时城内水道有以下几条:

山阴故水道经东郭门至凤仪桥再至水偏门(为水城中水门)河道;

从凤仪桥至仓桥的南北向环山河;

从南门至小江桥的南北向府河;

从酒务桥北向东过府河,再从清道桥经东街到五云门的东西向河道;

越王台，在绍兴城卧龙山南麓。《越绝书》卷八载："句践小城，山阴城也。"隋开皇十一年(591)，越国公杨素复筑城。南宋嘉定十五年(1222)，知府汪纲重建。抗战时期被毁。现建筑为1980年重建。

绍兴东面的水城门

从大善桥南北接府河东至都泗门的东西向河道；

从迎恩门向东至小江桥，至探花桥，再向南至长安桥，东至都泗门的东西向河道。

大城中的三座水门分别为东郭门、南门及都泗门。城北不筑门，但有水道。绍兴水城水系之大格局至此已大致形成。

散花亭，在今绍兴市越城区五云门外。疑为古阳春亭旧址，其旁是已被废弃的"外运码头"。

富中大塘与山阴故水道、故陆道为关联工程。故陆道是利用开挖故水道河道产生的大量土方，在紧邻的河岸上筑起的，形成了一路一河的格局。《越绝书》卷八载：山阴故水道"出东郭，从郡阳春亭，去县五十里"。山阴故水道西起东郭门，东至练塘，经山阴城南缘河道以西沿今柯岩、湖塘一带至西小江再至固陵，贯通了山会平原东西地区，并与东（曹娥江）、西（浦阳江）两小江相通，连接吴国及东部海上航道。又与南北向诸河连通，通过故陆道上的涵闸

山阴故水道与浙东运河交汇处（今绍兴市越城区五云门外天成桥附近）

设施，调节南北水位并阻隔潮汐，可谓越国之命脉。山阴故水道是中国最早的人工运河，也是中国大运河的南端，至今保存完好。

山阴故水道和故陆道，到东汉马臻时进行了全面的加固加高，众多涵闸设施进行了系统化完善。绍兴城东部的鉴湖堤坝基本以山阴故水道和故陆道为基础，而绍兴城西部的古鉴湖堤坝与东部的故水道处在东西向同一轴线上。

炼塘

20 世纪 20 年代绍兴米行街段山阴故水道

浙东运河上的练塘桥

《越绝书》卷八记载："浙江南路西城者，范蠡敦兵城也，其陵固可守，故谓之固陵。所以然者，以其大船军所置也。"《水经注·浙江水注》记载："浙江又径固陵城北，昔范蠡筑城于浙江之滨，言可以固守，谓之固陵，今之西陵也。"固陵应是越国第一大沿海港口，在对外军事、经济、文化等活动中发挥了十分重要的作用。

《越绝书》卷八记载："练塘者，句践时采锡山为炭，称炭聚，载从炭渎至练塘，各因事名之。去县五十里。""练塘"地名今尚存，称"炼塘"，位于今上虞东关街道西，距今萧绍运河200米。从绍兴城东至炼塘村，按古代里程算，约为五十里。练塘为句践冶炼之处，《旧经》云："越王铸剑之处。"据考证，练塘之西北为"稷山"等一片紧邻的小山丘，东北则有前高田头村、后高田头村。"村处小河两岸，地势较高，故名高田头。"练塘一带为平原内地势较高、受潮汐影响较少之地，练塘之"塘"应为早期之堤塘及沿海码头，外阻潮汐，内为冶炼基地，又沟通山阴故水道，为水上交通便捷之地。

练塘制兵器，石塘宿军船。

《越绝书》卷八载："石塘者，越所害军船也，塘广六十五步，长三百五十三步。去县四十里。"由此推断，石塘应是越国军事要塞和水军基地码头。

除了发展农业和军事外，越国还大力发展养殖业。

《嘉泰会稽志》记载："南池在县东南二十六里会稽山，池有上下二所。《旧经》云：范蠡养鱼于此。又云：句践栖会稽，谓范蠡曰：孤在

坡塘莲园中的范蠡像。范蠡，春秋末期政治家，字少伯，原楚国宛人，同文种出仕越国，任大夫。越为吴战败时，随句践入吴为人质。归国后，鼎力辅佐句践，教民生产，奖励生育，先后筑小城、大城，奠定城市格局。句践灭吴后隐迹入齐，经商致富，人称"陶朱公"。

南池上游坝体

高山上,不享鱼肉之味久矣。蠡曰:臣闻水居不乏干熇之物,陆居不绝深涧之宝。会稽山有鱼池,于是修之。三年致鱼三万。"南池亦称"牧鱼池"或"目鱼池"。建成年代应在句践返国后(前490年)不久。

出绍兴城南门,过九里、官山岙、下施家桥,可见溪水潺潺而流。南溪发源于秦望山。《水经注》记载:"秦望山在州城正南,为众峰之杰,陟境便见。《史记》云:秦始皇登之,以望南海。自平地以取山顶,七里,悬嶝孤危,径路险绝。"

云松断塘水库古坝址

至秦望村,可见一大堤东西横亘于大笠帽山和童子山山麓。据称此坝俗名塘城岗,相传塘上游曾有湖,当年秦始皇东巡于此,见有帝王之气,便命人掘断此塘,以破其风水。中华人民共和国成立后在塘北侧建一砖瓦厂,挖泥时塘中还残留有木桩基及树干、芦竹等。

据考证,古塘全长约220米,比附近田面高16.3米(田面黄海高程为20米),底宽106米,面宽65米。塘东有一大缺口,长约56米,溪水流贯其中。坝体由当地红黏土填筑而成,局部夹杂其他土质,北侧多为粉砂土,可能是随涌潮自然堆积而成。据地形图量测,南池溪控制集雨面积15.87平方千米,塘内以35米等高线计,面积为0.53平方千米。塘坝高为16.3米,估算库容为300万立方米。

据此推断:一、该塘的地理位置及相关兴建年代,与《嘉泰会稽志》中关于南池的记载相符;二、塘坝系人工挑筑无疑,基本可定为南池坝址;三、该塘地处山麓冲积扇地带,其下已是山会平原,塘坝可能是在潟湖的土堤上加筑而成的。塘东坝头东南约50米处的山岙,可作为天然溢洪口。南池是一个具有高坝的小型水库,在中国水利史上应是最早的水库工程之一,其主要作用为蓄淡及养鱼。

另一个养鱼池——坡塘,据考,水面面积约为0.24平方千米。与南池面积加在

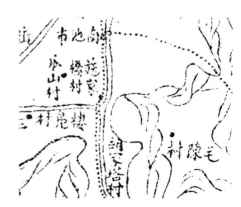

南池图[清光绪二十年(1894)《浙江全省舆图并水陆道里记》]

绍兴市越城区鉴湖街道盛塘村沿山而筑。当年范蠡养鱼有池两处，"上池宜于君王，下池宜于臣民"，"上池"即在此地。

村北侧，桃象山山麓，曾建有"望潮亭"。亭北有圆窗，每当潮水由北面海上滚滚而来，可由圆窗观望。潮汐几十里过山会平原到会稽山北麓。鉴湖兴建以前，山会平原沼泽连绵，人们多山居。这一古观潮亭遗址的发现，使古代山会平原以北后海潮汐可直拍会稽山北麓的说法得到有力证明。

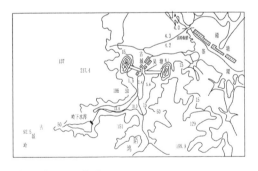

吴塘平面位置图

一起约为 1155 亩（0.77 平方千米）。"三年致鱼三万"，亩产当为 13 千克左右。南池与坡塘两大鱼塘，开中国水库养鱼之先河。

由于山会平原长期为一片沼泽之地，洪涝潮汐频仍，土地盐渍化严重，为此，开发山会平原，兴建水利工程，形成一批小范围的灌区，就成为至关重要的一步。吴塘正是在此背景之下建筑起来的，属山麓形蓄水工程，遗存坝址尚在。

吴塘的记载首见于《越绝书·地传》："句践已灭吴，使吴人筑吴塘，东西千步。"清嘉庆《山阴县志》对此又进行了补述："吴塘在城西三十五里。"

吴塘在今绍兴市柯桥区湖塘街道古城村。公元前 473 年，越灭吴，越国用吴国战俘筑塘，因名吴塘。当地人称"长山头"。

今吴塘村尚有城隍庙和"岭下古城"遗址。《嘉泰会稽志》卷一《古城》云："越王城，旧经云在县西南四十七里。越王墓在古城村。今城虽不可考，然地名犹曰古城也。"《嘉庆山阴县志》卷三记载："古城岭，在山阴县西五十里，越王允常筑城处。"汉代鉴湖筑成以后，居住在这里的人们陆续外迁，留在他们口耳中代代相传的故事也就成了尘封的历史。不过，到宋朝时鉴湖堙废，此地又逐步形成"古城埠"，为会稽山区腹地出入鉴湖的船码头之一。

据考，今湖塘古城村曾是於越部族的一个活动中心，其下是山麓冲积扇和广阔的平原。随着古城以外的平原逐步得到开发，以及人口的逐步增长，为解决生活用水和农田灌溉等问题，必须蓄淡拦潮。因此在来年山与马车坞山之间筑起一道堤坝，由于其内三面环山，便成为一个蓄水工程。根据15米（黄海高程，下同）等高线测算，水库面积约为0.605平方千米，库容大致为350万立方米。在堤不远处有一被称为"笔架岙"的山岙，面宽约25米，高16.5米，略呈弧形，在裸露的岩石上，依稀有曾被水冲刷过的痕迹，估计为该蓄水工程的自然溢洪道。

吴塘为越国山麓地带水利工程的代表，当时类似的工程还有多处，如苦竹塘、秦望塘、唐城塘、兰亭塘等。

兰亭塘位于今兰亭景区南侧，名西长山。西长山西接兰渚山麓，东近木鱼山，海拔20～24米，高约10米，东西长250米，宽30～35米。西边山麓为今兰亭江通道，20世纪70年代初兰亭江裁弯取直时开塘形成。此西长山即宋吕祖谦《入越录》中"寺右臂长冈达桥亭，植以松桧，疑人力所成者"之"长冈"。西长山应是越国早期的塘坝工程，基本判断为良渚下坝体类似的工程，主要作用是御咸、蓄淡、灌溉。

吴塘近处的自然溢洪道

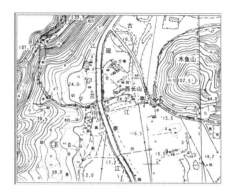

西长山位置及现代兰亭江改道地形图

20世纪70年代开挖兰亭塘时，见此塘均为黄泥堆积，部分筑有木桩。2015年，兰亭江河道砌磡时开挖坝体，坝体的各填筑层清晰可见。青膏泥、黄泥、芦根等在不同堆积层面中显露，明显为人工堆筑。

兰亭江

原富中大塘区域内的沃野良畴

　　春秋越国水利因地制宜，规模不是很大，多分布在以富中大塘为主的东南部。这些以塘坝为主体的水利工程，适应了越国的生产力发展要求，为农业、渔业、制盐、冶金、制陶、纺织、酿造生产以及军事提供了基础条件。各具特色的水利工程，其兴建年代、建筑规模、技术水平以及所产生的工程效益，毫不逊色于同期黄河流域的水利工程，在中国水利史上留下了光辉的一笔。

　　富中大塘的修建，促进了生产的发展，使原为咸潮出没的平原之地成为肥饶的富中义田。因处于吴越交战、兴废存亡的危急关头，越国兴建的水利工程具有鲜明的军事色彩，开辟富中农业区也是为了建立军粮基地。筑练塘，是为了开辟诸多锡、银等冶金基地。对从山阴城东部到曹娥江边的东西向山阴故水道的整治，不仅是为了沟通这一区域的湖泊与南北向自然河流，也是为了沟通各生产基地和军事基地。兴建石塘、固陵港等，兼及军事、海运、对外交往等多种功能。

吴塘坝断面的技术数据基本符合《考工记》的理论设计,这说明历来被认为晚于中原开发的中国南方钱塘江流域的水工技术,实已达到了当时中原地区同等或更先进水平。

越国香山大墓位于绍兴市越城区若耶溪下游东侧香山东南麓,其工程排水系统的设置先进合理。整个墓室为南北向,呈两头略高、中间稍低状。第四层道木面上中部凿刻一条南北向,宽约 10 厘米、深约 3 厘米的排水小沟,在道木中间段分别凿两个约 10 厘米 × 10 厘米大小的深孔,通过第三层横道木凿 15 厘米 × 15 厘米大小的木槽,再承以圆木开排水沟,将积水通过一木制排水沟(约 25 厘米树木剖开后凿木槽,再合上),约长 10 米,排入以西河沟。由此可见,木制排水沟制作在越国时期已非常精细和完备,制作技术也很合理科学。越国香山大墓的基础处理、排水技术、防腐处置,在当时必然会被广泛应用到水利技术之中,诸多的水利工程基础及关键结构部位,都会以上述工艺技术施工处理。

春秋越国水利的建设期不过 20 年,但其所建工程仅据《越绝书》记载就有塘 5 处、河道 1 处、城墙 2 处。其工程规模,吴塘填土方约 35 万立方米,古水道挖土方至少 70 万立方米,小、大两城筑墙的土石方多达 100 万立方米。即使在今天看来,也是一个不小的工程。而在生产力尚处于青铜器向铁器过渡的时期,约 30 万人口的於越部族,在如此短暂的时间内,建成如此众多、具有一定规模的水利工程,其建设速度之快,就春秋时期的地区性水利来说,实属罕见。

春秋越国水利的建树,主要在公元前 493 年至公元前 473 年之际,时间之早不仅居于浙江之首,而且在全国也是屈指可数的。横亘于山会平原东部的富中大塘,成功地阻遏了咸潮的侵袭,使塘内 6 万亩农田有垦殖生产的水利条件,大塘沿岸所设置的堰、闸等设施已相当完备并达到一定规模。兴建时间比战国黄河流域的同类工程早了 100 多年。吴塘筑于公元前 473 年左右,拒潮蓄淡,名为"辟首",拦蓄库容可达 300 万立方米,至今大部分坝体尚存。并且还用自然山岙作为溢洪道,充分显示了越人因地制宜、善借物利的智慧和能力。在杭坞山附近海岸修筑的石塘,更是国内海塘史料中的首次记载。从空间分布来看,春秋越国水利沿"山—原—海"台阶式地形,依次在山麓冲积扇、沼泽平原和沿海地区兴建了不同类型的水利工程,形成自南向北的水利工程体系,体现了较高的科学性和合理性,这在春秋时期的水利工程中是不多见的,已经具备了一定的系统规划思想。

鉴　湖

鉴湖

公元前7世纪,春秋齐国名相管仲来到越国。他所目睹的越地及越民是这般景象:"水浊重而洎,故其民愚疾而垢。"我国早期的地理著作《禹贡》在土地划分时,将越地列为"下下等"。对于这种现实,有雄才大略的越王句践也曾叹息:越国为"僻陋之邦",其民为"蛮夷之民"。司马迁"南游江、淮,上会稽,探禹穴"时所见的会稽,境内尚是"地广人希"。东汉六朝时期,会稽经济出现了上升趋势。东晋时,晋元帝面对会稽殷实繁富景象,赞叹不已:"今之会稽,昔之关中。"古代绍兴地区社会经济发生根本性转折的关键是水利条件的改变,而其中最主要的是鉴湖的兴建,"境绝利溥,莫如鉴湖"。

会稽山，绵亘绍兴、嵊州、诸暨、东阳等地，是古越人聚居的中心。

　　古代山会平原，南为会稽山，北滨后海，东临曹娥江，西濒浦阳江，中间是一片沼泽平原。平原以北的会稽山水顺流而下，在沼泽平原形成众多自然河流，分别注入曹娥江和后海。后海钱塘江主槽出南大门，紧逼山会平原北缘掠三江口而过。钱塘江涌潮沿曹娥江等自然河流上溯平原，与会稽山水相顶托，在山脚下潴成无数湖泊。这些湖泊在枯水期彼此隔离，仅以河流港汊相连，一旦山水盛发或大潮上溯，则泛滥漫溢，成为一片泽国。春秋时期虽兴修了一些堤塘蓄水工程，但不足以满足整个平原社会进一步发展的基础保障要求。

句践灭吴后，迁都琅琊，带走了大部分军队和大量部族居民，山会地区人口骤然减少。之后，於越部族居民纷纷流散，南迁到浙南、福建、广东等地，即所谓三越。（明焦竑《焦氏笔乘读集》卷三记载："此即所谓东越、南越、闽越也。东越一名东瓯，今温州；南越始皇所灭，今广州；闽越今福州。皆句践之裔。"）秦在建会稽郡设山阴县的同时，把这个地区余留的于越居民迁移到钱塘江以北的乌程、余杭等地。在上述时期，山会地区人口依然稀少，经济发展缓慢。西汉，山阴是会稽郡下的一个普通属县，因此西汉一代的山会平原水利亦难有建树。

曹娥江，钱塘江的最大支流，因东汉孝女曹娥入江救父而得名。嵊州附近称剡溪，上虞境内称上虞江，下游段古称东小江。曹娥江发源于磐安县尚湖镇王村的大盘山脉长坞，自南而北流经新昌县、嵊州市、上虞区、柯桥区，经曹娥江大闸注入杭州湾。上游段属山溪性河流，中游以下为感潮河段。河口受海潮影响较大，建有曹娥江大闸枢纽工程以防潮（洪）、治涝。

东汉建初买地刻石位于绍兴市越城区富盛镇乌石村跳山东坡,是浙江省迄今发现最早的摩崖题刻,也是我国不多见的一块汉代摩崖地券。

东汉建初买地刻石拓片

东汉永建四年(129),大体以钱塘江为界,实现了吴(郡)会(稽郡)分治。江北为吴郡,郡治仍在吴;江南为会稽郡,郡治设在山阴。吴会分治是地区生产力发展加快的反映。清道光三年(1823),山阴县杜春生在富盛跳山发现刻于东汉建初元年(76)的"建初买地刻石",为当时的买地券文,这从一个侧面反映了当时生产力水平提高、土地增值、买卖交易兴起的情况。

"千金不须买图画,听我长歌歌镜湖。"这是宋代诗人陆游对故乡鉴湖的由衷赞美。镜湖即鉴湖,史籍中还有许多别称,如庆湖、长湖、大湖等。东汉永和五年(140),会稽太守马臻利用发源于会稽山的数十条溪河,在越国时期的山阴故水道和山会平原一些零散湖堤的基础上,围筑堰塘,汇聚"三十六源"之水筑成鉴湖,湖面达170平方千米,涉山阴、会稽两县(今越城区、柯桥区和上虞区),相当于今天30个西湖的面积。鉴湖不但是蓄水灌溉湖泊,还具有防洪、防止咸潮内侵和内河航运等综合功能,是平原丘陵地区的大型水利枢纽,为当时国内外所罕见。

吴会分治11年后,马臻任会稽郡守。其时,会稽尚未有一个贯穿山会平原全境的蓄水工程,因此会稽山丰富的水资源,反而对郡城以及下游的农田、村落构成极大危害。加上山会平原的湖田低洼,濒江临海,一旦山洪爆发或海潮倒灌,由于缺少海塘江塘,严重内涝往往使百姓流离失所。干旱之时,又缺少蓄水解急。据传,马臻年轻时曾到四川游历,亲眼见过都江堰的宏伟,以及其所

20 世纪 20 年代初期的鉴湖

带来的巨大效益，对李冰创设都江堰大为叹服："壮哉，大丈夫为官当如此。"他又受到族叔马棱修建回涌湖的启发，决定效仿李冰等先辈，兴修水利，服官济世，嘉惠百姓。

经过详细的实地考察，马臻发动郡内民众开始了规模宏大的筑湖工程，在郡城北部平原围起一条总长 56.5 千米的大堤。这条大堤以会稽郡城为中心，分为东西两段。东段，自城东五云门起，至原山阴故水道到上虞东关街道，再东到中塘白米堰村南折，过大湖沿村到嵩尖山西侧的嵩口斗门，堤长 30.25 千米。西段，自城西常禧门至柯岩、阮社及湖塘宾舍村，经南钱清的塘湾里村至虎象村再到广陵斗门，堤长 26.25 千米。这条人工大堤拦截了会稽、山阴的三十六条溪水，形成一个狭长大湖，这便是号称八百里的鉴湖。

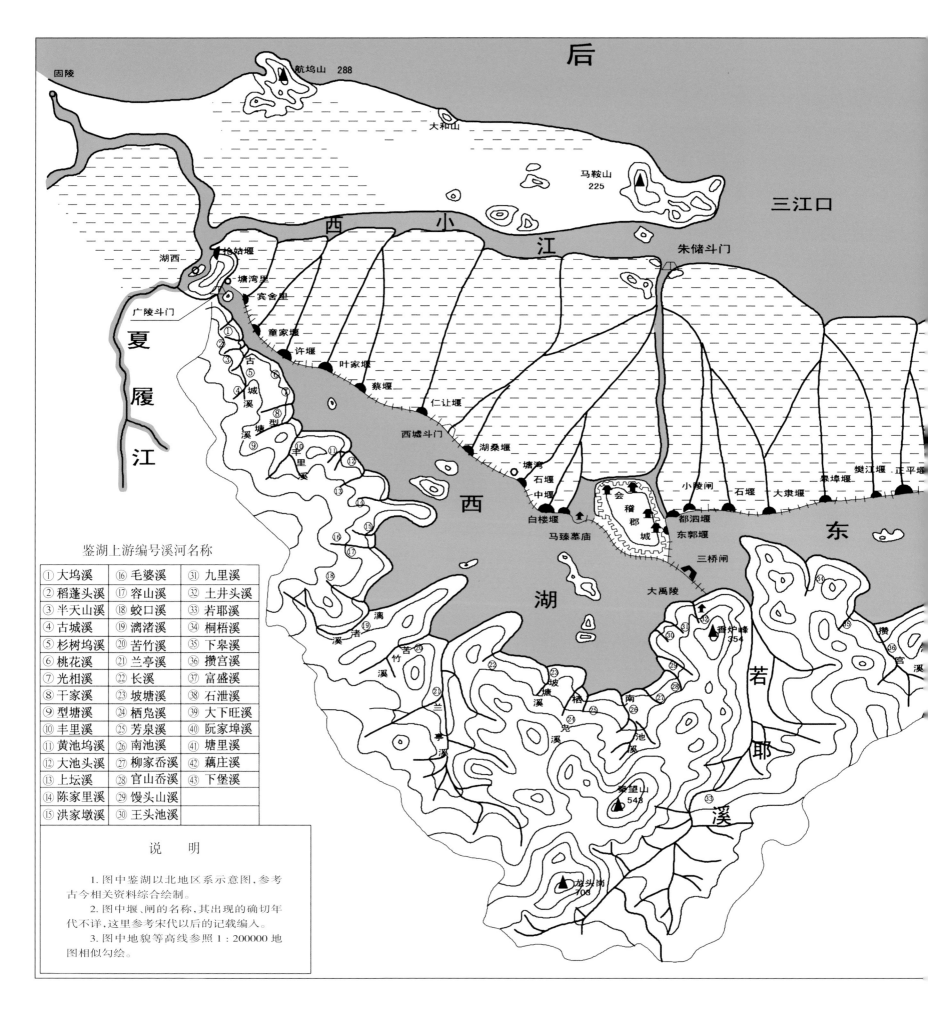

后

固陵　　　　　　　航坞山 288

大和山

三江口

马鞍山 225

西　小　江

朱储斗门

湖西　抢姑堰

塘湾里

宾舍里

广陵斗门

童家堰

夏

履

江

① 大坞溪
② 稻蓬头溪
③ 半天山溪
④ 古城溪
⑤ 杉树坞溪
⑥ 桃花溪
⑦ 光相溪
⑧ 干家溪
⑨ 型塘溪
⑩ 丰里溪
⑪ 黄池坞溪
⑫ 大池头溪
⑬ 上坛溪
⑭ 陈家里溪
⑮ 洪家墩溪

许堰

叶家堰

蔡堰

仁让堰

西墟斗门

湖桑堰

塘湾　石堰

中堰

白楼堰

马臻墓庙

西　湖

都泗堰

东郭堰

三桥闸

大禹陵

会
稽
郡
城

小陵闸　石堰　大隶堰

皋埠堰　樊江堰　正平堰

东

鉴湖上游编号溪河名称

① 大坞溪	⑯ 毛婆溪	㉛ 九里溪
② 稻蓬头溪	⑰ 容山溪	㉜ 土井头溪
③ 半天山溪	⑱ 蛟口溪	㉝ 若耶溪
④ 古城溪	⑲ 漓渚溪	㉞ 桐梧溪
⑤ 杉树坞溪	⑳ 苦竹溪	㉟ 下皋溪
⑥ 桃花溪	㉑ 兰亭溪	㊱ 攒宫溪
⑦ 光相溪	㉒ 长溪	㊲ 富盛溪
⑧ 干家溪	㉓ 坡塘溪	㊳ 石泄溪
⑨ 型塘溪	㉔ 栖凫溪	㊴ 大下旺溪
⑩ 丰里溪	㉕ 芳泉溪	㊵ 阮家埠溪
⑪ 黄池坞溪	㉖ 南池溪	㊶ 塘里溪
⑫ 大池头溪	㉗ 柳家岙溪	㊷ 藕庄溪
⑬ 上坛溪	㉘ 官山岙溪	㊸ 下堡溪
⑭ 陈家里溪	㉙ 馒头山溪	
⑮ 洪家墩溪	㉚ 王头池溪	

漓渚溪

苦竹溪

坡塘溪

栖凫溪

南池溪

晋炉峰 354

若

耶

兰亭溪

秦望山 548

龙头岗 703

溪

说　明

1. 图中鉴湖以北地区系示意图,参考古今相关资料综合绘制。

2. 图中堰、闸的名称,其出现的确切年代不详,这里参考宋代以后的记载编入。

3. 图中地貌等高线参照 1：200000 地图相似勾绘。

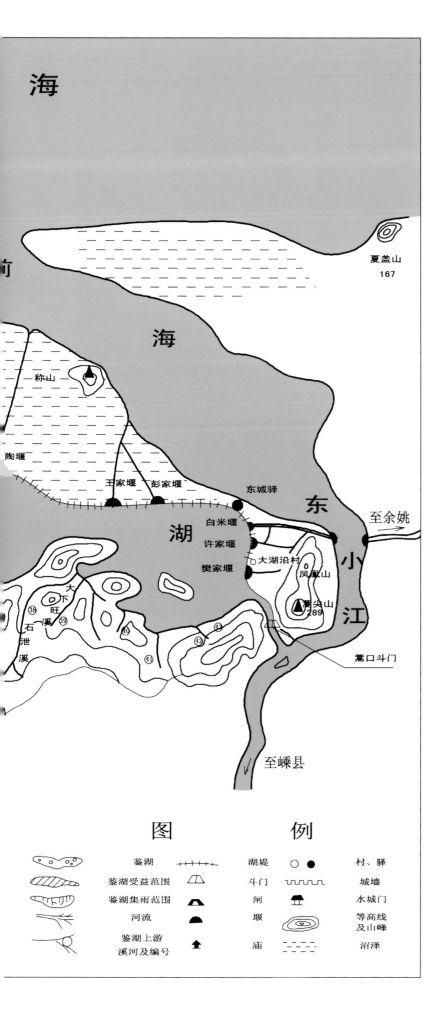

海

海

夏盖山
167

称山

陶堰

王家堰　彭家堰　东城驿

东

白米堰

许家堰

樊家堰

大湖沿村

凤凰山

小

独尖山
289

至余姚

江

蒿口斗门

至嵊县

湖

大下旺溪

③⑧

③⑨

石泄溪

④⑩

④②

④①

图　　　例

	鉴湖		湖堤	○ ●	村、驿
	鉴湖受益范围		斗门		城墙
	鉴湖集雨范围		闸		水城门
	河流		堰		等高线及山峰
	鉴湖上游溪河及编号		庙		沼泽

东汉鉴湖示意图

　　蒿口斗门为鉴湖东部最边缘斗门。现存记载鉴湖具体涵闸设施最早的著述为曾巩的《鉴湖图序》，文内列入的斗门有朱储、新径、柯山、广陵、曹娥、蒿口6处，其中新径斗门建于唐太和年间(827—835)，曹娥斗门建于宋天圣年间(1023—1032)，均有史可考，而蒿口斗门在当时便无从稽考，表明其建筑年代远早于曹娥斗门，为鉴湖建成东缘必备之斗门。"按记云：马侯作三大斗门，自广陵外不著其名……。惟广陵、柯山、蒿口不详其始，当即记所称之三大斗门矣。且就地势而论，广陵泄西湖之水以入于西江，蒿口泄东湖之水以入于东江，又于其中置柯山以资灌溉助宣泄。"蒿口斗门是沟通东鉴湖与曹娥江的主要通道，此斗门边或有堰之类水利设施相辅之，以资通航。

蒿口清水闸闸面

鉴湖工程的成功就技术而论,首先在于系统规划。马臻巧妙地利用了自南而北的山、原、海台阶式特有地形,将总体工程分成三部分:上蓄、中灌、下控。

上蓄。在南部平原,筑成东西向围堤,纳会稽的三十六源之水和近山麓湖泊、农田于其中。据考,鉴湖南部山区集雨面积为419.6平方千米,主要溪流有43条,鉴湖总集雨面积610平方千米。正常蓄水量为2.68亿立方米左右。

蒿口斗门遗址

蒿口斗门塘坝

　　广陵斗门在今绍兴市柯桥区钱清街道虎象村虎山与象山之间。《嘉泰会稽志》卷四记载："广陵斗门，在县西北六十四里。"据 1988 年考察，虎象村的虎山和象山之间有广陵桥。桥西侧 60 米处原有一座三眼闸，20 世纪 70 年代初填废，所填之处至今仍可见原闸槽。桥与闸之间又有一堤坝遗址，约高于地面 1 米。1971 年大旱，村民挖河，见有较多木桩和泥煤，此应为古广陵斗门的位置。20 世纪 80 年代初，环保等部门对鉴湖底质泥煤进行地质调查，发现广泛分布于鉴湖范围的泥煤，唯有夏履江一带及清水闸（西墟斗门遗址）缺失，这是河流有力冲刷的结果。

　　今广陵桥所处的地面高程在 5.2～5.4 米之间，古代咸潮可沿夏履江上溯至此。如遇涨潮或夏履江洪水袭来，斗门有防洪、御咸、蓄淡之功能。

　　古代关于广陵斗门记载较详细的是宋嘉祐八年（1063），由张泰撰并书、李公度篆额的《越州山阴新建广陵斗门记》。此碑记述山会地理大势，马臻筑鉴湖的功德，以及广陵斗门的位置、作用、修复过程、材料、费用、用工等，期望水利永固，造福于民。

　　鉴湖堙废，广陵斗门功能改变，随之废弃，但之后其址仍建有闸，因为此时夏履江的洪水及咸潮仍需阻挡。到钱清江成为内河后闸才渐废，今所见遗址尚存闸柱。

　　广陵斗门是古鉴湖三大斗门之一，也是鉴湖的最西端，它的外面就是夏履江。鉴湖堙废后，广陵斗门被改造成广陵桥，桥旁立庙，曰大王庙，祀马臻。庙中有联：会稽疏凿自东都；太守功从禹后无。

广陵斗门遗址 　　　　　《农政全书》

中灌。鉴湖围堤后，由于湖面高于北部平原农田约 2.5 米，在鉴湖工程一系列斗门、闸、堰、阴沟等排灌设施的有效控制下，潮水被阻，蓄水量丰富，灌溉农田十分便利。明徐光启《农政全书》卷十七《水利》称："水闸，开闭水门也。间有地形高下，水路不均，则必跨据津要，高筑堤坝汇水，前立斗门，甃石为壁，叠水作障，以备启闭。如遇旱涝，则撒水灌田，民赖其利。又得通济舟楫，转激辗硙，实水利之总揆也。"阴沟，则是"行水暗渠也。凡水陆之地，如遇高阜形势，或隔田园聚落，不能相通，当于穿岸之傍，或溪流之曲，穿地成穴，以砖石为圈，引水而至"。鉴湖工程的四种排灌设施，以斗门为最大，斗门相当于一种大的水闸。东端为蒿口斗门，西端为广陵斗门；在山会平原北部又设置了玉山斗门。闸和堰的规模不及斗门，而堰比闸更为简单。闸和堰的主要作用是行洪排涝，以及供给内河灌溉和通航之水。堰不但控制正常水位，还有拖船过堰的通航作用。阴沟系沟通湖与内河及农田的小型通水渠，主要作用为灌溉。

大王庙

玉山斗门位于距绍兴城北15千米的越城区斗门街道东侧金鸡、玉蟾两峰的峡口水道之上,三江闸建成以前,玉山斗门为山会平原水利的枢纽工程,发挥效益达800年。

　　玉山斗门又称朱储斗门,为鉴湖初创三大斗门之一。《新唐书·地理志》记朱储斗门建于唐贞元元年(785),即"山阴……北三十里有越王山堰,贞元元年,观察使皇甫政凿山以蓄泄水利。又东北二十里作朱储斗门"。

　　宋嘉祐四年(1059),《会稽掇英总集》卷十九记玉山斗门:"乃后知汉太守马臻初筑塘而大兴民利也,自尔而沿湖水门众矣。今广陵、曹娥是皆故道,而朱储特为宏大。"

20世纪20年代初的玉山斗门

下控。通过沿海地带的海塘和斗门、水闸控制，实行排涝和挡潮。南朝宋孔灵符《会稽记》称："筑塘蓄水，水高（田）丈余，田又高海丈余。若水少则泄湖灌田，如水多则闭湖泄田中水入海。"这个控制入海的鉴湖枢纽工程便是位于绍兴城正北三十里的玉山斗门，由此入海的主要河流即是直落江，它是稽北丘陵干流若耶溪的下游。

鉴湖工程体系包括水库、大坝、河流渠系、沿海塘坝、涵闸、斗门等。历史地理学家陈桥驿认为：在东汉永和年间，作为鉴湖枢纽工程的玉山斗门，作用还不十分显著，因为当时海塘和江塘尚未修筑完成，从鉴湖流出的各河，大部分注入曹娥、浦阳两江下游，而并不汇入直落江。因此，玉山斗门所能控制的范围不大，其调节作用自然也就不能和后来相比。所以从东汉永和至唐贞元的六百多年间，玉山斗门没有受到很大的重视。唐玄宗开元十年(722)，会稽县令李俊之主持修筑会稽县境内的海塘，这是山会海塘有历史记载的首次修筑。此次修筑后，山阴诸水虽仍和浦阳江密切相关，但会稽诸水，由于曹娥江下游江塘连接完成，从此不再注入曹娥江而是汇入直落江，于是山会平原的内河水系范围扩大，玉山斗门对鉴湖的调节作用也就提高。因此，在李俊之主持修塘50年后，浙东观察使皇甫政于贞元初（788年前后）将玉山斗门进行改建，把原来的简易斗门改成八孔闸门，以适应流域范围扩大而增加的排水负荷。

玉山斗门改为建设桥

宋嘉祐四年(1059),沈绅《山阴县朱储石斗门记》较为详细地记载嘉祐三年五月,"赞善大夫李侯茂先既至山阴,尽得湖之所宜。与其尉试校书郎翁君仲通,始以石治朱储斗门八间,覆以行阁,中为之亭,以节二县塘北之水"的过程。此次整修将原玉山斗门的木结构改成了石结构。

玉山斗门有多次修复的记载,其事迹主要收于宋及之后的碑文。

明代三江闸建成,切断了钱清江的入海口,平原内河与后海隔绝,三江闸替代玉山闸,玉山闸遂撤闸板,废启闭,成为闸桥。

1954年9月实测,玉山闸桥全长34.58米。流水总净孔宽18.13米(下游侧),东3孔,净孔宽6.95米;已堵塞张神殿边一孔使

1955 年的玉山闸遗址

百尺洪梁压巨鳌——玉山斗门遗址

古鉴湖北宋玉山斗门遗存

原4孔成3孔,净孔宽11.18米,中孔净宽5.90米,系全闸桥主孔。中间部分为张神殿殿基,长22.27米,宽12.11米,丁由条石砌筑。是年10月,拆除闸桥,在原闸基上建成每孔宽11.6米、共3孔的钢筋混凝土平梁桥,名"建设桥"。1981年拆除建设桥,拓宽河道,建成净孔宽78.00米(两孔各宽40.38米)、桥面宽4.80米的2孔钢架拱公路桥,名"斗门大桥"。

　　玉山斗门是鉴湖灌区地处滨海的控水、挡潮枢纽工程。当时鉴湖以北的平原河网水源依赖鉴湖补充,总的控制靠海塘和玉山斗门蓄泄。也就是说,自鉴湖建成到明代三江闸建成(140—1537),绍兴平原之水主要由玉山斗门调控。

　　2003年，玉山斗门闸槽遗存移至绍兴运河园重组保护。陈桥驿先生得悉这一消息后，专程赶到运河园工地现场，指导玉山斗门的布展，并撰写《古玉山斗门移存碑记》：

　　此是汉唐越中水利遗迹，亦为越人治水之千古物证。后汉永和五年(140)，会稽太守马臻兴修鉴湖，于玉山与金鸡山间建玉山斗门(亦称朱储斗门)，为全湖蓄泄枢纽。而稽北九千顷土地得以次第垦殖。至唐贞元二年(786)，浙东观察使皇甫政改两孔斗门为八孔闸门，以适应垦区扩展而日益增加之蓄泄负荷。自此以后，鉴湖南塘以北，连片沼泽，悉成良田，皆玉山斗门蓄泄之功。明成化十二年(1476)，太守戴琥在郡城佑圣观前府河中设置水则，并立碑明示，按水则所标水位，控全境涵闸启闭蓄泄，而玉山斗门仍是其中枢纽。嘉靖十六年(1537)，太守汤绍恩兴建三江闸，玉山斗门于是功成身退。综观越中水利，自马臻初创至汤绍恩建闸，玉山斗门枢纽全境蓄泄排灌达1400年，变沮洳泥泞为平畴阡陌，化潮汐斥卤成沃壤良田。诚越人繁衍生息之命脉，越地富庶昌盛之关键。兹岁绍兴市致力于古运河整治，而此千古水利遗迹，竟于斗门镇原地发现，石柱依旧，闸槽宛然，溯昔抚今，令人钦敬振奋。现移存此千古水工杰构于古运河之滨，用以展示越中水利文化之悠远璀璨，既可供后人纪念凭吊，亦有裨学者考察研究。特书数言，以志其盛。

陈桥驿谨识

二○○三年七月

古鉴湖西墟斗门遗存

西墟斗门石榫头

鉴湖水利设施中,湖与灌区水位以水闸为主要调控设施。鉴湖之水闸设置于湖与下游主要河道沟通之处,规模不及斗门。

宋徐次铎《复鉴湖议》载:在会稽县,"为闸者凡四所:一曰都泗门闸,二曰东郭闸,三曰三桥闸,四曰小凌桥闸"。在山阴县,"为闸者凡三所:一曰白楼闸,二曰三山闸,三曰柯山闸"。

又《嘉泰会稽志》卷四"闸"条载:

瓜山闸,在县东四十里。

少微山闸,在县东五里。

曹娥闸,在县东七十里。

山阴县玉山闸,在县北一十八里。唐贞元元年,观察使皇甫政始置斗门,泄水入江,后置闸。

据上可知,《嘉泰会稽志》中闸和斗门常不作区分。

徐次铎《复鉴湖议》对西墟斗门有如下记载:"其在山阴者为斗门凡有三所,一曰广陵斗门,二曰新径斗门,三曰西墟斗门。"经发掘考证,今绍兴市越城区东浦街道西鲁墟村与清水闸村交界河道处,有古鉴湖西墟斗门遗址。在对闸柱的开挖中,发现基础处理坚实,底部有较多松桩打入加固,经北京大学历史系 C14 测定,确定年代为 1670±70 年,与 20 世纪 80 年代末期古鉴湖堤底木桩的测定年代 1670±189 年吻合。

西墟斗门为古鉴湖早期所建。唐代山会平原北部海塘修建完成后,西墟斗门功能逐渐减弱,至宋代基本废坏,后在稍以南的河道上新建清水闸,以拦蓄、抬高水位及排洪,遗址尚存。

西墟斗门精巧、坚实的石质卯榫结构,以及木桩基础处理、工程布局水平等,均为全国领先。

万年神龟—镇水龟

发掘于今平水镇铺坞村
龟山脚下若耶溪中，相传此江
曾多发洪水，古人以神龟镇之。

二〇〇一年七月移立

绍兴治水广场的西墅斗门闸槽遗存

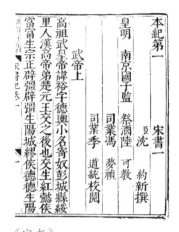

《宋书》

鉴湖的效益卓著:首先,基本消除会稽山暴雨山洪对北部平原的威胁。同时,通过玉山斗门以及日益完善的沿海海塘建设,防御了海潮对山会平原的直薄。

其二,蓄水 2.68 亿立方米,为北部平原九千余顷土地的灌溉提供了可控制的自流式的丰沛水源。

其三,加快了山会平原的综合性开发与发展。鉴湖水利兴盛,北部农田得以较大规模开发之际,正是我国北方地区战火连绵、兵荒马乱之时,因此朝廷南迁时有大量人口涌入山会平原,这里安定的社会、肥沃的土地、秀美的山川、浩大的鉴湖,正是他们梦寐以求的生活环境。一大批从北方迁移而来的富裕人家于此定居的同时,也带来了先进的生产技术和生活方式。因此,农业生产得到迅速发展,其他如交通运输业、酿酒业、养殖业、陶瓷业也得到了较快发展,带来了经济增长、城市繁荣、人口增多。沈约(441—513)在《宋书·孔季恭传》中详尽描绘了这里经济发达的情况:"会土带海傍湖,良畴亦数十万顷,膏腴上地,亩值一金,鄠、杜之间,不能比也。"

其四,改造了生态环境。曾是咸潮直薄的山会平原,由于鉴湖的兴建而成为山清水秀的鱼米之乡。"人在鉴中,舟行画图;五月清凉,人闻所无,有菱歌兮声峭,有莲女兮貌都。"北部平原的大片土地得到冲淡改造,成为水网密布、河流纵横、五谷丰登、百草丰茂之地。

十里湖塘（一）

十里湖塘（二）

明文徵明《兰亭雅集图》

其五，吸引了大批优秀的外地人才。朝廷派遣官员到
会稽，因为其地环境优越、生活安定，首先要选拔有较好文
化素养的优秀人才。相对而言，到此的地方官也多有作为。
达官贵人养老，富商巨贾安家，文人墨客会集也多往于此。
"会稽有佳山水，名人多居之。"王羲之、谢安之后，大批文
人学士闻名而来，极大地丰富了会稽的文化，为成就"鉴
湖越台名士乡"打下了深厚的基础。

王羲之（303—361），字逸少，山东琅琊人，后定居会稽山阴。累官宁远将军、江州刺史、右军将军、会稽内史，世称"王右军"。

王羲之工书，行书尤妍美流畅。东晋永和九年（353），与谢安、支遁等人修禊兰亭，书《兰亭集序》，成传世名篇。

唐冯承素摹《兰亭集序》

小陵闸遗址——小堰桥

鉴湖古堤

鉴湖水利工程技术处当时我国水利的领先地位。其蓄泄水利配套工程设施69所，门类之多（斗门、闸、堰、阴沟），实属罕见。

据1987年对湖塘乡的古鉴湖堤考证，在高程2.6米处有松木桩整齐排列，测定为筑鉴湖时打入，此种情况在古鉴湖堤中有多处发现。以木桩及沉排技术处理工程基础，在当时实属先进。

鉴湖东西湖用水调度，东湖水则在五云门外小凌桥之东，距绍兴城七里，"水深八尺有五寸，会稽主之"；西湖水则在常禧门外跨湖桥之南，距绍兴城七里，"水深四尺有五寸，山阴主之"。鉴湖堤上斗门、堰闸的启闭，都以以上二水则为依据。湖之北灌区内的水位控制则依据建在都泗门东、会稽山阴交界处的水则确定，"凡水如则，乃固斗门以蓄之；其或过，然后开斗门以泄之"。此指玉山斗门的启闭。总的调控由水利专管人员根据调度原则进行综合监管，"而斗门之钥，使皆纳于州，水溢则遣官视则，则谨其纵闭"。用则水牌量测控制水位，加强科学调蓄，为当时一流管理水平。

陶堰遗址——陶堰桥

斗门闸图［明万历十五年（1587）《绍兴府志》刻本］

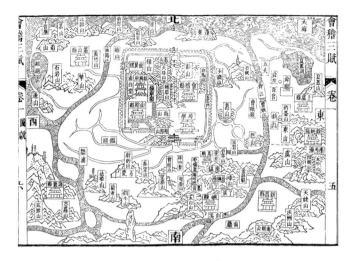

南宋绍兴府图（宋王十朋《会稽三赋》）　　　　　　　　　《宋史》

鉴湖兴建后，鉴湖及其北部平原水利得到了完善和改造，这给越地带来了前所未有的繁荣。但北宋后期，鉴湖开始衰落，到南宋时已经大部分堙废。

造成这种情况的主要原因是人口增多。人与水争地，尤其是豪族大户兼并掠夺；政府在水利调控决策上的不当、管理上的不力；生产力发展，开垦种植技术提高，人们四处开垦，造成水土流失，鉴湖的部分湖段淤浅严重，而后泥沙越积越厚，造田区域越来越大，湖面越来越小。宋室南渡后，"四方之民，云集两浙，百倍常时"。大量移民涌入，山会两县人口猛增，垦湖为田日趋加剧，虽有几任官员和文人学士力主复湖，引起废湖复湖之争，但终究不可阻止废湖之势。南宋乾道元年（1165）"二月二十四日诏绍兴府开浚鉴湖。除放生池水面外，其余听从民便，逐时放水，以旧耕种"。鉴湖遂至堙废。闻名天下的名湖之堙废，绍兴损失的不仅仅是水利资源，而是综合性的核心竞争力资源。绍兴十八年（1148），越州大水，因没有鉴湖的拦蓄，洪水盛发，直接威胁州城的安全。当时五云门都泗堰水高一丈，幸未破堰入城。南宋状元著名文人王十朋为此说道："假令他日湖废不止于今，而大水甚于往岁，则其危害当如何？"宋徽宗当年也曾反省：鉴湖"自措置为田，下流堙塞，有妨灌溉，致陷常赋"。据统计，北宋的167年间，绍兴有记载的旱灾1次，水灾7次；而南宋的153年中，水灾多至38次，旱灾竟有16次。水旱灾害频仍，给绍兴人民带来的灾难是可想而知的。直至明嘉靖十六年（1537）绍兴知府汤绍恩主持兴建三江闸，水旱灾害才得以减少。

抱姑堰，在与广陵斗门隔里许的三西村抱姑自然村。抱姑村是个岛，这里曾经建有拦潮坝，如今堰址上的抱姑桥仍在。

据徐次铎《复鉴湖议》载：在会稽县，"为堰者凡十有五所，在城内者有二：一曰都泗堰，二曰东郭堰。在官塘者十有三：一曰石堰，二曰大埽堰，三曰皋埠堰，四曰樊江堰，五曰正平堰，六曰茅洋堰，七曰陶家堰，八曰夏家堰，九曰王家堰，十曰彭家堰，十有一曰曹娥堰，十有二曰许家堰，十有三曰樊家堰"。

大堞堰遗址——东家堰桥	石堰（东湖中）遗址——石堰桥	茅洋堰遗址——茅洋桥
宾舍堰遗址——宝珠桥	蔡堰遗址——柯西桥	叶家堰遗址——叶堰桥
钟堰遗址——中堰桥	正平堰遗址——正平桥	上虞白米堰遗址——白米堰桥
彭家堰遗址——彭家堰桥	樊家堰遗址——樊家桥	沉酿堰遗址——仁让堰桥

在山阴县，"为堰者凡十有三所：一曰陶家堰，二曰南堰，皆在城内；三曰白楼堰，四曰中堰，五曰石堰，六曰湖桑堰，七曰沉酿堰，八曰蔡家堰，九曰叶家堰，十曰新堰，十有一曰童家堰，十有二曰宾舍堰，十有三曰抱姑堰，皆在官塘"。

阴沟，"行水暗渠也。凡水陆之地，如遇高阜形势，或隔田园聚落，不能相通，当于穿岸之傍，或溪流之曲，穿地成穴，以砖石为圈，引水而至"。徐次铎《复鉴湖议》认为："若其他民各于田首就掘堤，增为诸小沟，泊古诸暗沟及他缺穴之处，难偏以疏举，大抵皆走泄湖水处也。"说明数量众多。

钟堰"堰限江湖"碑坊

中堰，现作钟堰，俗称钟堰头，是古鉴湖水门之一。陆游有《泛舟自中堰入湖》一诗。堰废后改桥，今为绍兴城外名胜。中堰之上有庙，名钟堰庙，庙前水中"万年台"曾是电影《舞台姐妹》的外景取景地。

十里湖塘（三）

古鉴湖堙废后，虽大部分成为耕地，但却形成了为数众多的小湖泊和港汊河道。当时，在原东湖新潴成的有浮湖、白塔洋、谢憩湖、康家湖、泉湖、西跨湖等；在原西湖的新湖则有周湖、孔湖、铸浦、石湖、容山湖、秋湖、阳湖等。尔后这些湖泊继续堙废，今除了稠密的河流外，湖泊所剩不多。据 1989 年统计，古鉴湖范围内尚存的河湖面积，原西湖区域内为 14.78 平方千米，东湖区域内为 15.66 平方千米，合计 30.44 平方千米。正常蓄水量按平均水深 2 米计，约为 6000 万立方米。陈桥驿认为，鉴湖堙废后，水体北移，故绍兴平原河网可称之为"新鉴湖"。

鉴湖上的泊舟位

青甸湖，在绍兴市越城区灵芝街道，水域面积 0.78 平方千米，为今绍兴水乡第六大湖。

按《浙江省鉴湖水域保护条例》，除原西鉴湖范围水域，将其北的青甸湖也纳入主体保护水域。

顽石湖

今所称的鉴湖是古鉴湖西湖的残余部分。其主干道东起绍兴偏门外东跨湖桥，西至湖塘西跨湖桥，东西长 22.5 千米，最宽处可达 300 米，最窄处仅 10 余米之距，平均宽度 108.4 米，平均水深 2.77 米，正常蓄水量 875.9 万立方米。它形如一条宽窄相间的河道，镶嵌在绍兴平原上，并在平原南部构成了特有的河港相通、河湖一体的塘浦河湖体系，是这一带生活、生产、航运等综合利用的水源。

贝石湖，在今绍兴市柯桥区福全街道，属古鉴湖西湖残留水域。水域面积 17.9 万平方米，正常蓄水量 50.48 万立方米。

白塔洋，在今绍兴市越城区陶堰街道，属古鉴湖东湖残留水域。水域面积 125.4 万平方米，正常蓄水量 339.33 万立方米。

洋湖泊，在今绍兴市越城区皋埠街道，为古鉴湖东湖残余水域，其东为百家湖。水域面积 43.3 万立方米，正常蓄水量 117.17 万立方米。

百家湖，在今绍兴市越城区陶堰街道，为古鉴湖东湖残余水域。水域面积 66.9 万平方米，正常蓄水量 149.94 万立方米。

白塔洋

洋湖泊

百家湖

康家湖在上虞长塘镇湖田村，水域面积 21 万平方米，正常蓄水量 51 万立方米，属古鉴湖水系。湖内有许多大小不一、形态各异的土墩，错落有致地排列着。近年，湖田村将康家湖打造成湿地公园。

康家湖堰桥

七尺庙在"十里湖塘"中段。旧时山门有"鉴湖第一社"匾额，明朝漓渚状元诸大绶所书。宋时，湖塘建里社以纪念贺知章，掘地基时得七尺长骨，故名七尺庙。这就在纪念贺知章之外，又有了与大禹的关系。因为骨长七尺大约跟禹诛防风氏有关。

诸大绶题七尺庙曰：鉴湖第一社神为贺监子。越人重贺公之知退，以赐鉴湖一曲为荣。其五子皆有功德于乡人，一直思之不忘，于是祀其子为社神，长祀寿圣村，次祀广相村，三祀桃花村，四祀山树坞，五祀湖塘之新堰，即为"七尺庙"。

湖塘老街沿湖而筑，长十里，故称"十里湖塘"。当地有一首民谣称："十里湖塘七尺庙，三山十堰念眼桥。"寥寥十四字，概括了十里湖塘山、水、塘、庙的景观内涵，加之街上一个个紧相排列的大台门，俨然一幅美丽的江南风情长卷。

鉴湖"南塘"

湖村桥工程中发现的树桩和古陶瓷

湖村桥工程开挖现场

湖村桥工程中泥炭树桩堆积现场

　　湖塘鉴湖古堤位于绍兴市柯桥区湖塘街道。沿湖村落绵延十里，有"十里湖塘一镜园"之誉。"南塘"是其中一段。

　　1987年，绍兴县安昌建筑公司挖掘湖塘乡（今湖塘街道）湖村桥桥基。该工程地处湖塘乡西跨湖桥桥北约35米的堰下江上（南北向），地面高程为5.1米。挖掘至高程2.6米处时见较多数量的松树桩基，木桩已高度腐烂变质，有的呈泥煤状。在开挖面约143平方米之内，木桩靠北面逐渐减少，南面较密（开挖时尚未到尽头）。东西分布基本对称，明显呈东西走向。木桩密集处每平方米4～5根。对所见木桩进行C14测定，确定距今年代为1670±189年。鉴湖筑于140年，与木桩出土时隔1847年，因此，基本可以认为是筑鉴湖时打入的桩基。木桩所在地即为鉴湖古堤位置，由西到东一直至绍兴城偏门外。

明万历《绍兴府志》"鉴湖图"

今绍兴会稽路——古鉴湖东西湖分湖堤。在明万历《绍兴府志》"鉴湖图"中可以找到诸多对应物。

　　鉴湖可分为西湖和东湖。西湖北堤从稽山门到广陵斗门，长 26.25 千米；东湖北堤从稽山门至上虞樟塘新桥头村，长 30.25 千米，湖的南缘为稽北丘陵的山麓线。东西湖的分界为稽山门至禹陵的道路。此路原称驿路，又称庙下官塘、南塘、夹塘，长约 6 千米，阔 2 米余，高过田面约 1.5 米，两边有河。

《越中杂记》曰："跨湖桥在山阴县南五里镜湖上。"桥南西端为马臻墓及马太守庙。此为西湖之东跨湖桥，因跨鉴湖而得名。陆游有《柳》一诗："春来无处不春风，偏在湖桥柳色中。看得浅黄成嫩绿，始知造物有全功。"东跨湖桥最初为三眼石拱桥，后改建成拱形水泥桥，现为铁板廊桥。

西跨湖桥，在今绍兴市柯桥区湖塘街道，位于湖塘长街西端。李慈铭《微雨中过湖塘二首》描绘了雨中跨湖桥胜景："西跨湖桥雨到时，四山烟景碧参差。白云忽过青林出，一角斜阳贺监祠。"桥南北向，为一单孔石栏拱桥，另有引桥四孔。明徐渭有桥联："岩壑迎人，到此已无尘市想；杖藜扶我，往来都作画图秀。"桥北堍有碑亭，据碑记载，明万历二十八年(1600)、清嘉庆十年(1805)正月曾重建。

陆游（1125—1210），字务观，号放翁，越州山阴人。宋孝宗即位赐进士出身，任镇江、隆兴通判。乾道八年（1172），入川投身军旅，官至宝章阁待制。

陆游素志爱国，创作宏富，其诗歌风格豪放，充满爱国爱乡的强烈感情。遗作有《剑南诗稿》《渭南文集》等。

陆游故居在绍兴城郊鉴湖旁俗称三山之一的行宫山下。三山者，为石堰山、韩家山、行宫山。

陆游生前曾苦心经营三山别业，他不无自信地说："数椽幸可传子孙，此地它年名陆村。""定知千载后，犹以陆名村。""他年好事客，过此访遗踪。"

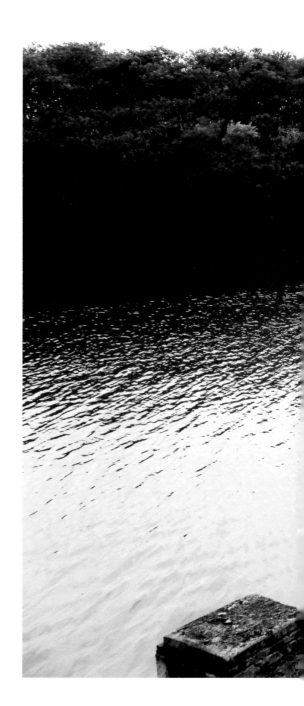

画桥在鉴湖上，离三山不远。画桥重建于道光丁酉年(1837)，为十五孔梁式石桥，全长62.7米，宽2.0米。陆游诗中常提及此桥。"三山画桥"为鉴湖美景之一。

马臻，东汉茂陵（今陕西兴平）人，永和五年(140)任会
稽太守，主持修建鉴湖。

马臻墓位于绍兴偏门外跨湖桥南堍。

墓始建于唐元和九年(814)。北宋嘉祐元年(1056)，仁宗
追封马臻为"利济王"，故墓碑上刻有"敕封利济王东汉会稽
郡太守马公之墓"字样。清嘉庆年间重修，建有石坊，坊柱
上刻有楹联。联云："作牧会稽，八百里堰曲陂深，永固鉴湖
保障；奠灵窀穸，十万家春祈秋报，长留汉代衣冠。"

东汉永和五年(140)，马臻主持兴建中国长江以南最古老的大型蓄水工程——鉴湖。从此，山会地区人民在生活、灌溉用水方
面有了较为可靠的保障，盐碱土地得到全面改造，交通航运四通八达，经济迅速发展，人口日益增多，绍兴终于日臻繁华，成为著名
的"鱼米之乡"。

据考，东汉和帝时期(89—105)，对在山会平原南部地区兴建一个带有全局性的水利工程的要求日趋迫切。在马臻任会稽太守
之前，关于筑鉴湖一事已成为有识之士和广大民众的共识，如何建设也应有初步规划方案。

马臻到会稽为太守后，肩负前任太守的未竟事业，以会稽之大发展为目标，毅然创建鉴湖。但鉴湖的创建引起了当地既得利
益者的不满。更为严重的是，作为皇亲国戚的梁商家族与马臻结下世仇，他们利用这一时机，诬告马臻。罪名是马臻贪污政府皇
粮和财政收入，筑湖淹没当地百姓的土地、房屋和祖坟，激化社会矛盾。顺帝一怒之下，下旨杀了马臻。相传马臻不但被刑于市，
而且死得十分惨烈。

马太守庙位于马臻墓之北,与墓相连。据唐韦璀《修庙记》记载,庙始建于唐开元年间(713—741),由越州刺史张楚兴建。明天启、清康熙、道光、光绪年间几经修茸。殿中有 32 幅连环壁画,讲述了马臻的一生和越中为纪念其人其事而产生的民俗,弥足珍贵。

民间相传农历三月十四日为马太守诞辰日,千余年来祭祀不绝。

由于朝廷忠诚官员为马臻申辩,会稽正义之士替马臻诉冤,反响强烈,顺帝亦感不妥,派人去会稽调查。但太守不过是二千石官,杀也杀了,查也查了,再查就是皇帝错杀之错了。时间一长,朝中也就无人再提此事。

直到南朝宋孝武帝大明年间(457—464),孔灵符任会稽太守,这已是马臻筑鉴湖 300 年之后的事了。孔灵符到会稽后,看到鉴湖的巨大效益,见到一些地方史料的记载,听到民间相传马臻被杀的冤情,心中愤怒不平。于是他整理史料,在所著《会稽记》中,以简短的文字记下了鉴湖的建筑时间、规模、形制、效益以及马臻被杀的缘由:

创湖之始,多淹冢宅,有千余人怨诉于台。臻遂被刑于市。及台中遣使按鞫,总不见人。验籍,皆是先死亡之人名。

"境绝利溥,莫如鉴湖。"(王十朋《会稽风俗赋》,载《王十朋全集》卷十六)马臻是大禹精神的实践者,是绍兴历史上真正实施带有全局性意义之水利工程的治水英雄。鉴湖建成,全面改造了山会平原,效益巨大,流泽后世。没有马臻和鉴湖,绍兴之发展历史将改写。

绍兴治水广场上的马臻像

"太守功德在人，虽远益彰。"（李慈铭《越缦堂日记·受礼庐日记》）马臻为兴民利，含冤被杀，会稽人民没有忘记马臻。民间相传，当年马臻被害时，百姓群情激愤，冒着生命危险，不惜重金将其遗体悄悄运回会稽，万人痛祭，将其葬于郡城偏门外的鉴湖之畔。唐代在山阴鉴湖边建起两座马太守庙（韦瑾《修汉太守马君庙记》），表明了朝廷和民众对马臻筑鉴湖的功德之充分肯定和高度评价，并形成共识。北宋嘉祐元年（1056），仁宗赐马臻为"利济王"，此为宋代皇帝对马臻的高度评价。每年农历三月十四日，民间祭祀。

在绍兴偏门外的马太守庙中，留存有 32 幅清代壁画，这是民间版的马臻与鉴湖水利史的充分写照，其中马臻的伟大功绩以及梁家的贪婪阴毒，都形象地予以展示。

"太守清，河水清。"鉴湖工程充分显示了水利在会稽的重要地位和巨大效益。绍兴历代多贤明的地方官，而这些官员又多重视水利兴修。水利需要伟大的奉献精神，绍兴人民敬重和怀念马臻，也敬重和怀念为兴修水利做出贡献的历代地方官。

绍兴治水广场

浙东运河

浙东运河绍兴运河园段

浙东运河西起钱塘江南岸的西兴,东至宁波镇海招宝山入海,是通江达海、连接海上丝绸之路的著名运河。其前身山阴故水道始凿于春秋越国时期,至今已有2500多年历史。历鉴湖早期至六朝。西晋永嘉元年(307),会稽内史山阴人贺循主持疏凿西起钱塘江南岸西陵(今西兴)、东至会稽郡城(绍兴城),全长约一百零五里的西兴运河。西兴运河与东鉴湖航道组合,沟通了西起钱塘江、东至鄞地(今宁波)入东海口的浙东运河全程。

"世界遗产——中国大运河"碑

　　浙东运河是春秋时期建成的我国最早的人工运河之一，是中国大运河的南端、海上丝绸之路的南起始端，也是我国至今仍在使用和保存最好的运河之一。主要航线：北起钱塘江南岸，经西兴到萧山，东南到钱清过绍兴城经东鉴湖至曹娥江，过曹娥江东经上虞丰惠旧县城到通明坝与姚江会合，全长约 125 千米，此段为人工运河。之后，经余姚、宁波汇合奉化江后称为甬江，东流至镇海入海，以天然河道为主。浙东运河全长约 200 千米。2014 年 6 月 22 日，由京杭大运河、隋唐大运河、浙东运河三段组成的中国大运河，入选《世界遗产名录》。

浙东运河上的古纤道

东小江（曹娥江）

　　越王句践时期，山阴故水道已成为一条东起东小江（后称曹娥江），过练塘，西至绍兴城东郭门，经绍兴城沿今柯岩、湖塘一带至西小江再至固陵的古越人工水道。它贯通了山会平原东西地区，并连接吴国及东部海上航道。

　　越国"十年生聚，十年教训"时期，山阴故水道作用显著，它沟通了越国战略后方基地富中大塘与诸河的航运，阻隔部分潮汐河流，促进了东部平原开发，并为日后的鉴湖工程打下基础。

　　秦始皇巡越促进了南北航线较大规模的整治，山会航道又有新的发展。

　　汉顺帝永和五年（140），会稽郡太守马臻纳三十六源之水，创立鉴湖。湖的南界是稽北丘陵，北界是人工修筑的湖堤。鉴湖北堤是在原山阴故水道的基础上增高堤坝，新建和完善涵闸设施建设而成的，西起广陵斗门，东至蒿口斗门，全长 56.5 千米。鉴湖建成后，水位抬高，设施完善，航运条件更为优越。晋虞预《会稽典录·朱育》称:"东渐巨海,西通五湖,南畅无垠,北渚浙江。"

自初创至晋代,鉴湖为山会地区主航线。晋后至唐,西段(山阴县)航线渐为西兴运河所取代,而东段(会稽县)仍为主航线并延承至今。

鉴湖和西兴运河共同作用,效益不断显现。沈约在《宋书·孔季恭传》中称:"会土带海傍湖,良畴亦数十万顷,膏腴上地,亩值一金,鄠、杜之间,不能比也。"

唐代,浙东运河的航运地位更加突出。元和十年(815),观察使孟简开运道塘,这是西兴运河南岸塘路合一的河岸工程,部分主要路段由泥塘改建为石塘路,通航和管理标准得到了提升。

现代日本汉学家斯波义信在《宁波及其腹地》一文中写道:"隋唐时期……。凭借经余姚、曹娥把宁波与杭州联系起来的水路及浙东运河,宁波实际上成了大运河的南端终点。而且,由于杭州湾和长江口的浅滩和潮汐影响,来自中国东南的远洋大帆船被迫在宁波卸货,转驳给能通航运河和其他内陆航道的小轮船或小帆船,再由这些小船转运到杭州、长江沿岸港口以及中国北方沿海地区。"

由于鉴湖和西兴运河的交通便利,甬江和钱塘江通过浙东运河的交通运输快速发展起来,绍兴城成为浙东航运的中心枢纽城市,不但与国内各地加强了商贸交易,又由于明州(宁波)港口的迅速发展,与日本、朝鲜及南洋诸国等国家的商贸往来更加频繁。浙东海上丝绸之路进入快速发展期。

钱清浮桥在绍兴市柯桥区钱清街道的钱清江上,现已成为公路桥。

日本僧人成寻(1011—1081)《参天台五台山记》载,北宋熙宁五年(1072)已有堰。即钱清堰。船需在此用4头牛拉绞盘拖船翻埭,人则从浮桥上过。南宋乾道六年(1170)闰五月,陆游赴任夔州通判,其《入蜀记》载,十九日"巳时至钱清,食亭中,凉爽如秋。与诸子及送客,步过浮桥。桥坚好非昔比,亭亦华洁,皆史丞相所建也"。

元至正末年,元将吕珍曾在浮桥上筑"浮城"以抗击明军胡大海部,浮桥、抱姑堰一带成为主战场(事见《保越录》)。

明宣德年间(1426—1435),浦阳江改道绕开鉴湖入钱塘江,萧绍运河从此成为坦途,钱清坝、堰俱废。弘治八年(1495),钱清浮桥改为石桥(据《光绪山阴前梅周氏宗谱》卷五《钱清江石桥记》)。

明王祎撰有《钱清江浮桥记》,文曰:"钱清江,古名浦阳江,其地控驿道,旧有浮桥,盖比舟为梁,以济不通,而近岁废不治。至正十七年秋,宁夏吴君以宪台行军都镇抚,分镇萧山、山阴两县,睹桥之废,慨然叹曰:'是不亦有司之缺失与!'亟命裒民户之义助,斥公帑之美储,计其物力度程而新作之。凡为舟十有二,上架板庑相属以为梁,其长三百有六十尺,广十有七尺,联之以铁絙,絙如桥之长,而维其两端于南北堤,使舟常比而梁常属,与波涛相上下。虽水湍悍而往来者固无虞,人莫不以为利也。桥成,书其事于石。"

北宋中期，两浙路向朝廷所贡的粮食、布帛和赋税，已跃居全国第一位，"两浙之富，国用所持，岁漕都下米百五十万石，其他财赋供馈不可悉数"。至南宋，浙东运河的航运地位更加突出。王十朋《会稽风俗赋》描述浙东运河的繁华景象："堰限江河、津通漕输。航瓯舶闽，浮鄞达吴。浪桨风帆，千艘万舻。"

20世纪20年代浙东运河绍兴柯桥段古纤道

浙东运河绍兴北海桥段

老坝底堰坝是萧曹运河的终点，系萧曹运河与曹娥江的过坝头，位于绍兴市上虞区联丰村老坝底自然村。它是浙东运河重要的交通堰坝和货物盘驳点，曾经发挥着沟通内河与外河的作用。随着公路、铁路运输的迅猛发展，内河航运的辉煌成为过去式。2010年，老坝底堰坝被公布为全国重点文物保护单位。

元代，浙东运河地位不及南宋，但仍是海港城市庆元（宁波）联系内陆的主要航线，朝廷多有建设、疏浚之举。

明成化九年（1473），戴琥任绍兴知府，他对绍兴平原河网及运河进行了集中整治。明嘉靖十五年（1536）七月，绍兴知府汤绍恩主持兴建三江闸。三江闸建成，山会海塘连成一线，始与后海隔绝，山会平原完成了从鉴湖水系向运河水系的演变。浙东运河的主要段落，即由钱塘江南岸经过绍兴到曹娥江的100千米航道，可以一直通航，不再有牵挽盘驳之劳。"有风则帆，无风则牵，或击或刺，不舍昼夜。"明嘉靖年间（1522—1566），著名思想家王守仁与绍兴知府南大吉一起整治运河水道，不但成效显著，还对水环境和人水关系进行了探索，留下著名的《浚河记》。

明弘治元年（1488），朝鲜官员崔溥在海上遇险后漂流至浙东台州沿海，后沿运河北上抵达北京，北返归国。他在《飘海录》中详细记载了一路见闻，成为浙东运河沿途经济、社会、文化兴盛的重要史证。其中提及宁波城："凡城中所过大桥亦不止十余处，高官巨室，夹岸联络，紫石为柱者，殆居其半，奇观胜景不可殚录。"绍兴城："闾阎之繁，人物之盛，三倍于宁波府矣。"

浙东运河沿途风光——行人如织，舟楫如梭

绍兴迎恩门敦仁堂出资修运河塘路刻石

清代，浙东地区经济发展，人口增长，城镇繁华，运河在当地经济社会发展中的地位突出，运河塘路的建设标准也就更高，古纤道"白玉长堤"因此得名。康乾盛世，两位帝王尤重祭祀大禹、游赏兰亭，在乘龙舟途经浙东运河时留下了辉煌的篇章。《南巡盛典》记载了为迎接乾隆而整治绍兴运河的情况。

清乾隆五十五年(1799)前后，朝廷制作了《九省运河泉源水利情形图》，第二部分绘制的是从绍兴府经杭州直至京城的大运河，足证浙东运河为中国大运河之南起始端。

浙东运河古纤道皋埠段修桥捐款功德碑

浙东运河绍兴下天路段

　　都泗门在绍兴城东，为水城门。城外有都泗埭、都泗堰。陈桥驿主编的《中国运河开发史》第七编《浙东运河史研究》经梳理后作了廓清："都赐埭、都赐门、都赐堰是三种既相互独立又紧密配套的水工建筑物……都赐埭与鉴湖围堤配套，均建于东汉永和五年(140)；都赐门与都赐堰，因当时城内外湖河存在水位差，为控制湖水不致倾泄城内，门、堰也应同时在晋代始筑。"

都泗门桥——都泗堰遗址

　　浙东运河沿线建设斗门、闸、堰、纤道、桥等的工程技术及造船技术是由浙东地区的地理环境所决定的，它是古代浙东人民在水利、水运上的杰出创造。

　　浙东运河最西端的钱塘江是潮汐河流，而运河是内河，不能直接与之相通，必须设置港口码头和埭以供船只停泊、阻水和交通盘驳。《越绝书》记载越国时期的"石塘""防坞""杭坞"等港口、码头、海塘设施，这些设施在越国钱塘江航运及对外军事、经济、文化等活动中发挥了重要作用。

越国在建设山阴故水道时，利用开挖的土方建成其南的富中大塘。为阻挡北部平原潮水侵入，控制上游洪水及满足排涝、灌溉之需，沿河岸必定会建诸多的闸、堰、涵洞一类设施。

宋代浙东运河上所谓"三江重复"，是指把运河分隔成多段落的钱塘江、钱清江、曹娥江三条潮汐河流，横截于运河上，最后总归杭州湾；"百怪垂涎"，是指运河沿途上游山丘河流众多，蜿蜒而下，变化多端；"七堰相望"，则是指西兴堰、钱清北堰、钱清南堰、都泗堰、曹娥堰、梁湖堰及通明堰前后接续，遥遥相望；"万牛回首"，指小者挽纤、大者盘驳，主要依靠老牛负重，老牛盘旋回首，步履艰难，形成一道运河风景线。

龙华桥

龙华桥闸槽

迎恩门

浙东运河绍兴独树段

明成化年间(1465—1487),绍兴知府戴琥于山阴天乐乡四十二都建成麻溪坝,并创《山会水则》(水位尺)以调节山会平原河网水位。此后,《山会水则》成为对山会平原河湖水资源实行统一管理和调度的准则,堪称绍兴水利史上的一大创举。

由于浙东运河在绍兴平原段河湖密布,东西湖又存在水位差,加上各地在不同季节对河湖的防洪、排涝、灌溉、航运有着不同的要求,因而必须对水位进行统一调度。宋曾巩在《鉴湖图序》中说:"其北曰朱储斗门(即玉山斗门),去湖最远。盖因三江之上,两山之间,疏为二门,而以时视田中之水,小溢则纵其一,大溢则尽纵之,使入于三江之口。"鉴湖早期的水位调控,有着明确有效的操作规范和制度。

针对鉴湖堙废后出现的用水、航运调度矛盾,明成化十二年(1476),绍兴知府戴琥在深入调查和总结历史经验的基础上创建《山会水则》,并立碑置于绍兴府城内佑圣观前河中。按"水则"管理玉山斗门的启闭,可以调节山会平原河网内高、中、低田的灌溉和航运。这是山会平原河湖网系统整治和有效管理的标志,也是绍兴水利史上的一个杰出创造。

三江闸建成后,在闸上游三江城外和绍兴府城内各立一石制水则,自上而下刻有"金、木、水、火、土"5字,以作启闭准则。外御潮汐,内则涝排旱蓄,全控萧绍平原水位。

　　纤道是古人行舟背纤的通道、来往船只躲避风浪的屏障，也是我国航运技术史上的独特创造。浙东运河古纤道位于绍兴柯桥至钱清一带的运河上。纤道分为单面临水和双面临水两大类，根据地形和实际需要建造。

　　石墩纤道桥，一名"铁锁桥"，位于阮社太平桥至湖塘板桥一带的运河上。据现存于纤道桥上的清光绪九年(1883)《重修纤道桥碑记》云："自太平桥起至板桥止，所有塘路以及宝、玉带桥，共计281洞。"这种纤道桥每隔2.36～2.75米设一桥墩，采用"一顺一丁"法干砌，墩与墩之间用3块长3.37～3.51米、宽0.49～0.52米的大石梁并列搁成，通宽1.5米左右。有的还间以系石，用来增加桥面的稳固性。

浙东运河绍兴皋埠段古纤道

全国重点文物保护单位

绍兴古桥群

太平桥

中华人民共和国国务院
二〇一三年三月五日公布
浙江省人民政府
二〇一三年六月十八日立

太平桥坐落于绍兴市柯桥区柯岩街道,横跨浙东运河。始建于明天启二年(1622)。清乾隆六年(1741)、道光五年(1825)重修。现存的太平桥系清咸丰八年(1858)重建。太平桥与古纤道垂直相交,上走行人,下行纤夫。2013年被国务院公布为全国重点文物保护单位。桥北旧有张神庙,现辟为公园。

浙东运河上单面临水古纤道

浙东运河上双面临水古纤道

八字桥

迎恩桥

　　山阴故水道上,越国时期就建有载入《汉书》的灵汜桥。此为浙东运河第一古桥,今遗址可考。

　　运河上南北行人往返,有赖于横跨运河的石桥。据统计,仅绍兴古纤道上就有石桥40余座。其中荫毓桥、融光桥、太平桥、迎恩桥、会龙桥、泾口大桥、高桥等桥,在我国水利桥梁建筑史上具有很高的地位和研究价值。

　　茅以升在《绍兴石桥·序言》中称:"我国古代传统的石桥,千姿百态,几尽见于此乡。"唐寰澄先生《中国科学技术史·桥梁卷》所选录的桥梁中,位于全国前三位的是绍兴、苏州和温州。浙东运河石桥营造技术高超,部分石桥(如八字桥、广宁桥等)的营造技术为国内罕见,形成了独特的桥梁技术体系。

浙东运河绍兴柯桥段

　　六朝时期，因稽山镜水的风光无限，浙东运河的悠远绵长，吸引了众多的文人学者、迁客骚人、有识之士，他们或畅游定居，或挥毫泼墨、著书立说、吟唱咏颂，留下了丰富的作品和故事。

　　唐代有众多诗人慕名来越游览，一条线路是从钱塘江到西兴，之后经西兴运河到绍兴城；另一条则是从鉴湖到绍兴城，或至若耶溪，或沿东鉴湖至曹娥江，经剡溪到天台山。据研究，载入《全唐诗》的来浙诗人有四百多位，他们沿途创作了大量的优秀诗篇。孟浩然《渡浙江问舟中人》写出了对越中山水的仰慕之情；李白《送王屋山人魏万还王屋》被称为浙东山水诗的神品，诗歌描绘了浙东运河的行程和沿岸的名胜风光，"秀色不可名，清辉满江城。人游月边去，舟在空中行"。

南宋诗人陆游家在西兴运河近旁，他常泛舟运河，或记述事物，或歌咏风光，多有妙篇佳作。明清文人对浙东运河歌咏不断，袁宏道"钱塘艳若花，山阴苧如草"的诗句广为传颂；齐召南的诗句"白玉长堤路，乌篷小画船"脍炙人口。

唐朝，为中日两国文化交流做出突出贡献的是高僧鉴真。鉴真自天宝二年(743)始，历经11年，遭5次失败，双目失明，终于在第6次东渡成功。据赵朴初先生考证，鉴真第5次赴日，是从越州城出发，取道浙东运河东渡的。

北宋，日本僧人成寻写成《参天台五台山记》。此书记录了他乘船从钱塘江，过萧山经古运河，到曹娥、嵊州、新昌，直到天台的行程，记述了运河水道、山川风光、风土人情等。

浙东运河绍兴皋埠段

浙东运河绍兴东湖段

浙东运河处山川灵秀之地，"山有金木鸟兽之殷，水有鱼盐珠蚌之饶，海岳精液，善生俊异"。

秦王政三十七年（前210）秦始皇巡越，"上会稽，祭大禹，望于南海，而立石刻颂秦德"。运河边的东湖绕门山相传为秦始皇驻马之地。

东汉会稽太守刘宠为官清廉，甚为百姓爱戴，离任时，乡间众老人各背百大钱送作盘缠，宠仅收一枚以表感谢。宠乘舟运河，在途经西小江时将钱投入江中，以致江水变得清澈，从此西小江又称钱清江。乾隆在钱清清水亭中留诗云："循吏当年齐国刘，大钱唱一话春秋。而今若问亲民者，定道一钱不敢留。"东汉学者蔡邕曾在今绍兴柯桥一带的竹亭边感慨无限，还取亭中竹椽制成长笛，吹出悠扬的乐声而闻名越中，后人为纪念其人其事，在柯桥运河边建柯亭，亭至今犹在。又相传晋代竹林七贤之阮籍、阮咸在西兴运河畔的阮社嗜酒如命，文章风流。今柯桥运河边的荫毓古桥有楹联云："一声渔笛忆中郎；几处村酤祭两阮。"

"会稽有佳山水，名士多居之。"东晋永和九年(353)，王羲之与群贤由运河会集兰亭，饮酒赋诗，畅叙幽情，留下了举世无双的《兰亭集序》；谢灵运的山水诗开一代风气，与谢惠连、谢朓并称"三谢"，在运河之畔留下无数佳作。

南宋理宗、度宗早年于西兴运河迎恩门边生活并发祥，浴龙宫、全后宅、会龙桥是其故居旧地。遥想当年康乾两帝先后沿运河浩荡南下，千帆竞发，黎民云集，是何等壮观气象。1916 年，孙中山为拜谒大禹陵，乘"烟波画舫"，沿运河航行，更是引来绍兴民众空巷迎观。

东汉，刘宠任会稽太守，简除烦苛，禁察非法，吏不扰民，犬不夜吠。离任时，山阴五六老叟各持百钱走相送。刘宠难却，取各人一钱，途中投西小江。今称其地为"钱清"。江边有清水亭。

会龙桥

绍兴城内幽深的运河水巷

一河一街　　　　　　　　　　　一河两街　　　　　　　　　　　有河无街

　　"浙东之郡，会稽为大。"绍兴是 1982 年国务院公布的首批 24 座国家历史文化名城之一，建城已有 2500 多年历史，以越国文化、山水风光、名人故居卓然于世。浙东运河穿城而过。运河经迎恩门入绍兴城后，"其纵者自江桥至南殖利门，又北至昌安门；其横者西郭门至都泗门"。绍兴水城可谓镶嵌在浙东运河之上的一颗璀璨明珠。唐代越州刺史元稹用"会稽天下本无俦"的诗句来赞美这座美丽、繁华的水城。

　　至清代，全城 7.8 平方千米范围内，有大小河道 32 条，总长 60 余千米，约占全城面积的 20%。有"一河一街""一河两街""有河无街"等布局形式。交通有水陆平行、一河一路、两岸夹河，亦有幽深水巷，仅可通舟。

　　浙东运河形成至今已有 2500 多年历史，且至今尚存，依然航运辐辏、效益显著，这在全国运河水系中并不多见。罗哲文先生有诗云："千古浙东大运河，至今千里泛清波；江南鱼米之乡地，众口同称赖此河。"

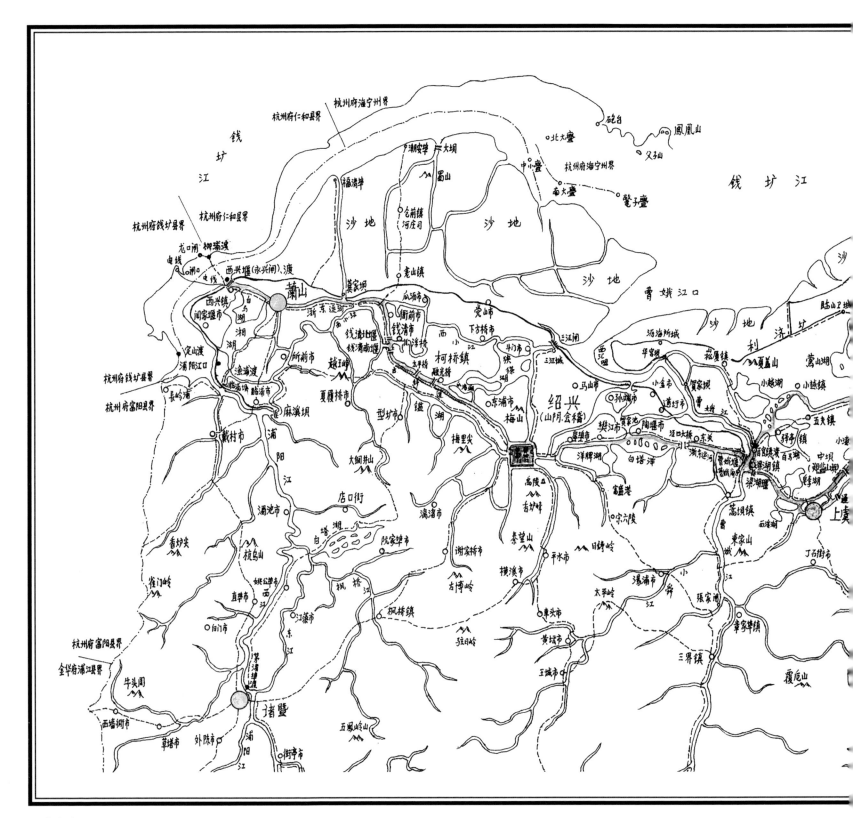

明清浙东运河图

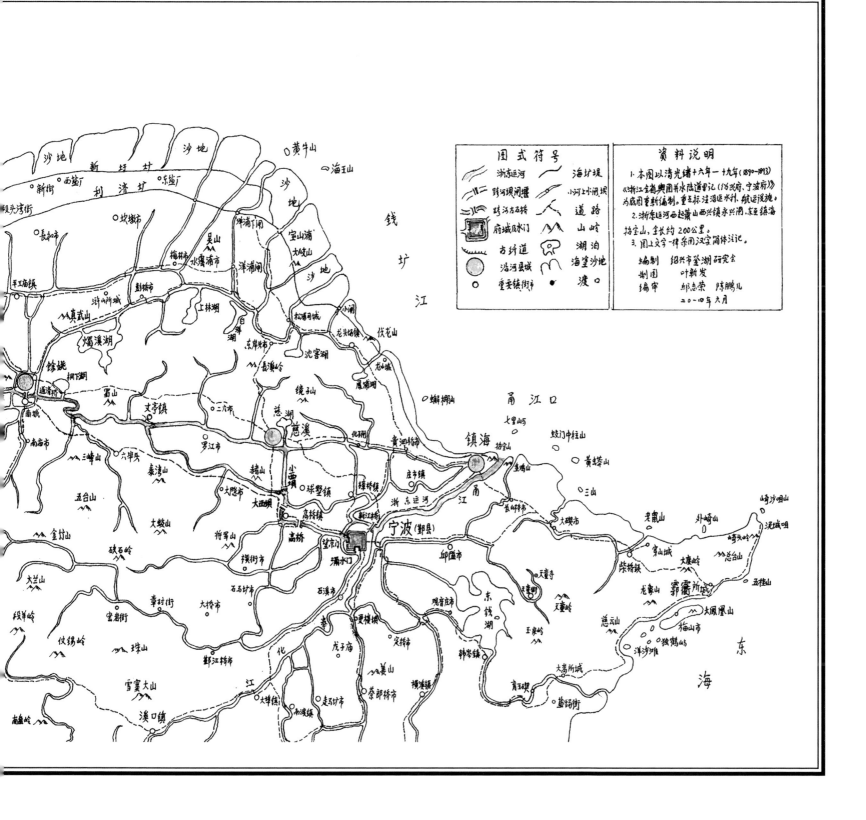

浙东运河绍兴迎恩门段

运河园位于绍兴城西郊，是在整治浙东运河过程中建成的集历史、文化、生态、休闲于一体的现代园林，2003年9月竣工开放。

运河园内的"功在水国"牌坊

浙东运河以其历史悠久、功效卓著、文化深厚而闻名海内外。然而，这条千古名河在20世纪末存在航运灌排功能逐渐下降，河塘多有倒塌，河道淤泥深厚，两岸建筑零乱，文化资源遭到损坏等问题。2002—2003年，绍兴市对浙东运河进行全面水环境整治。其中一期工程建成东起绍兴西郭立交桥，西至越城区、柯桥区交界处的"运河园"。运河园长4.5千米，面积约25万平方米，总投资6000余万元，2003年9月建成开放。园内设有"运河纪事""运河风情""古桥遗存""浪桨风帆""唐诗之路""缘木古渡""白玉长堤"七大景点。

我国已故郦学大师陈桥驿先生有《宏伟真实的纪念园林》一文,高度赞扬运河园工程:

"运河纪事文化景观"也就是记叙的"绍兴运河园",是我国建成的包括运河在内的各种水利工程中最宏伟真实的工程。1980年以后,我由于语言的方便,多次受聘到国外讲学,在国外的著名水利工程中,也不曾见到如此宏伟真实的纪念园林。例如我曾到过全球建坝最高的水利工程,美国的"大苦力"和"鲍德坝"(我去时已改名"胡佛坝"),如此高达200米左右的高坝工程,坝下也有一个小小园林,但都不可与"绍兴运河园"相比。所以"绍兴运河园",实在是国际水利园林中的一绝。所以我希望这座水利园林,能逾格保护。并且再研究和充实。这是我们的国宝,有厚望焉。

2006年底,"运河园"工程被中国风景园林学会评为优秀园林古建工程金奖;2007年8月,"运河园"工程被水利部定为国家级水利风景区。

运河园内的古桥遗存

《运河纪事序》由陈桥驿撰,记述了浙东运河是先秦古运河之一,又是大运河之东南发端,强调了它在中国水利史、运河史上的杰出地位

萧绍海塘

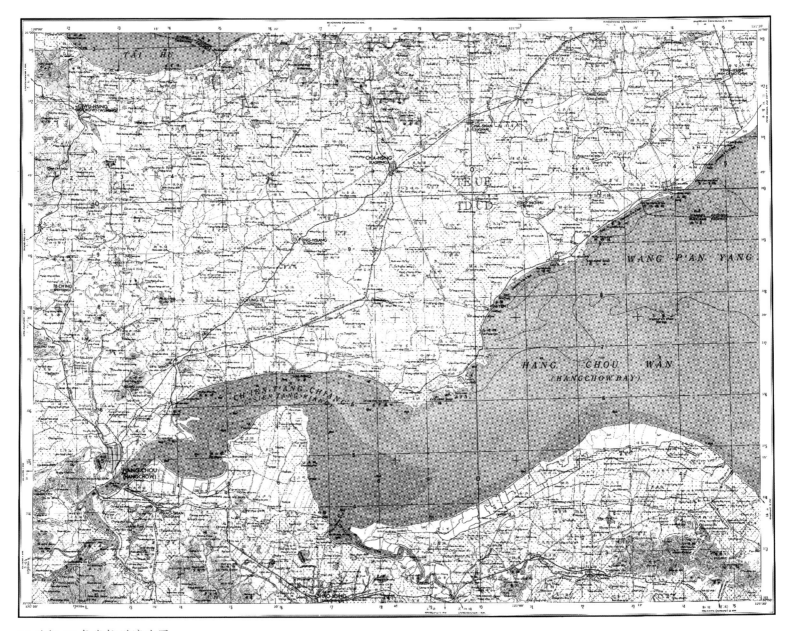

20 世纪 50 年代杭州湾地图

钱塘江河口两岸古海塘，分别位于太湖平原的南缘和宁绍平原的北侧，除去山体，实长 280 千米，塘线总长 317 千米。钱塘江古海塘规模宏壮、分布合理、构筑精实、工程巨大，在中国工程建筑史上写下了光辉篇章，与长城、运河一起被誉为中国古代三项伟大工程建设。

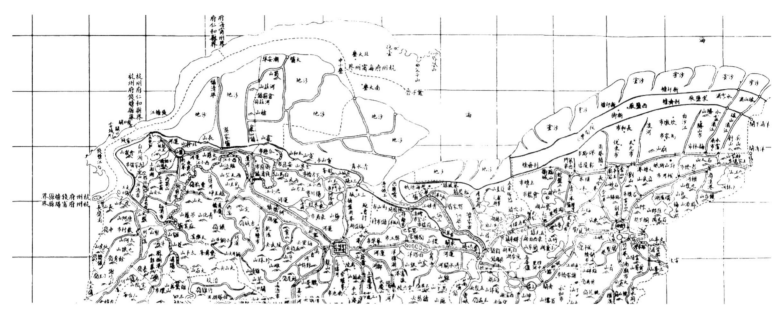

绍兴府二十里方图［清光绪二十年（1894）《浙江全省舆图并水陆道里记》］

绍兴海防图［明万历十五年（1587）《绍兴府志》刻本］

清代钱塘江海塘地名位置

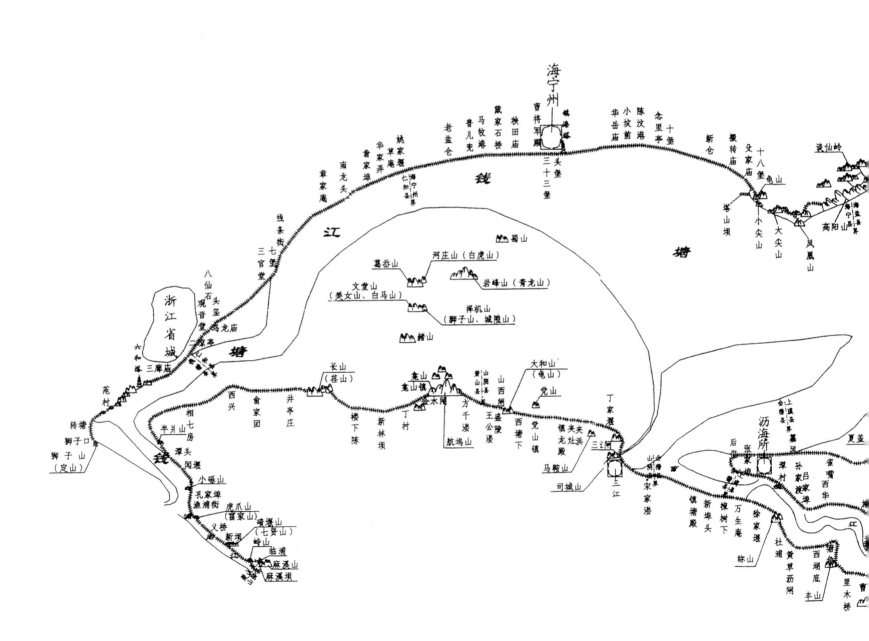

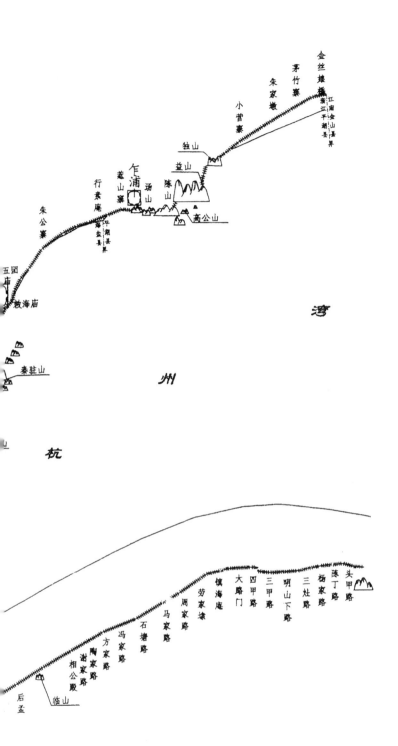

湾

州

杭

说明：

本图以清同治十三年（1874年）"浙江省海塘全图"
为底图，增删一部分地名绘成。

清代钱塘江海塘地名位置图

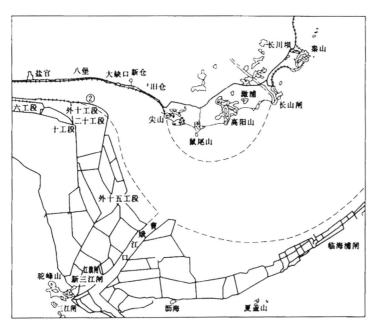

1997年钱塘江河口规划图

钱塘江河口两岸海塘是卫护太湖平原南部和萧绍平原不受洪潮侵害的屏障,历代主政者均高度重视。及至清代,更认为"海塘一事乃浙省第一要政"(雍正七年十一月十六日程元章折末朱批)。

山会海塘因地属山阴、会稽而得名,由萧绍海塘和百沥海塘组成。

《吴越春秋·句践伐吴外传》中有这样一个神话传说:越国大夫文种被害后,葬于种山(今绍兴城内卧龙山)北麓。一年后,伍子胥掀怒潮挟其而去,以后钱江潮来时,潮前是伍子胥,潮后则是文种。这一传说虽是神话,但古代山会平原以北后海海潮经平原诸河直达会稽山北麓却是事实。"滔天浊浪排空来,翻江倒海山为摧。"在这种自然条件下,古代越族人民要想在山会

文种,春秋末年越国大夫,字少禽,楚国郢人。句践羁吴期间,文种一面挑起守国重任,使百姓耕战足备;一面奔走于吴越之间,终使句践提前返国。此后时时提醒句践说:"治国之策唯爱民而已。"灭吴后,句践赐剑命文种自杀。文种墓在绍兴卧龙山北麓。

128

萧山北海塘万柳塘遗址

平原上生存，就必须兴筑海塘，以隔断潮汐，开发平原，所谓"启闭有闸，捍有塘"。经历代绍兴人民经营规划、辛勤修筑，才有了历史悠久、宏伟壮观的萧绍海塘。

萧绍海塘，西起今萧山临浦麻溪东侧山脚，经今柯桥区至上虞区嵩坝清水闸，全长117千米。自西向东，分别由西江塘（麻溪—西兴）、北海塘（西兴—瓜沥）、后海塘（瓜沥—宋家溇）、东江塘（宋家溇—曹娥江），及嵩坝塘组成。海塘保护范围为时萧山、山阴、会稽、上虞县境内的海塘以南，西界浦阳江，东濒曹娥江，南倚会稽山北麓的萧绍平原地区。

萧山北海塘塘身

航坞胜境

萧绍海塘的始筑年代有说是"莫原所始"。《闸务全书》则记为"汉唐以来"。《越绝书》卷八记:"石塘者,越所害军船也,塘广六十五步,长三百五十三步,去县四十里。"最初大概是为军事服务的港口堤塘,同时还建有防坞和杭坞,距城都是四十里,即今萧山境内的杭坞山一带,依山面海而建,石塘应是当时后海沿岸零星海塘的其中一段。这些塘的建设不仅是越对吴交战的需要,也是早期钱塘江因走南大门而潮流颇大的证明。

东汉鉴湖建成,同时沿海建玉山斗门,附近必然会有连片海塘、涵闸的修建,否则斗门不能发挥控制作用。但当时的海塘以土塘为主,标准较低。

《嘉泰会稽志》卷十载："界塘在县西四十七里,唐垂拱二年(686)始筑,为堤五十里,阔九尺,与萧山县分界,故曰界塘。"界塘位于山阴与萧山两县交界的后海沿岸。

　　《新唐书·地理志》载："会稽……东北四十里有防海塘,自上虞江抵山阴百余里以蓄水溉田,开元十年(722),令李俊之增修。大历十年(775)观察使皇甫温、大和六年(832)令李左次又增修之。"防海塘大部分位于会稽县的北部沿海。防海塘的建成,使山会平原东部内河与后海及曹娥江隔绝。与此同时,又建成山阴海塘,山会平原后海沿岸的海塘除西小江外,基本形成。

百衲本二十四史
四部丛刊史部
新唐書

《新唐书》

萧山塘头村段海塘遗址

塘头老闸

　　党山镇海禅寺,清嘉庆九年(1804)建于碧山(今名党山)巅,1942年毁于兵燹,后又重建。1956年8月1日遭强台风坍塌,1958年拆除。2018年再建时,易址海塘旁,有大雄宝殿、圆通殿、天王殿、牌楼、放生池、塔、钟鼓楼、厢房等建筑,规模宏大。

　　宋代,萧绍海塘修筑技术提高,已将部分土塘改为石塘,但结构还比较简单,难御较大潮汐的冲击。又"斗门海沙易淤,江流泛涨,时有横决之患"。

　　"海塘者,越之巨患也。"海塘建成后,不断遭受风暴潮汐的冲击。宋宁宗嘉定四年(1211)"八月,山阴县海败堤,漂民田数十里,斥地十万亩"。嘉定六年(1213)的一次海潮,山阴海塘"溃决五千余丈,田庐漂没转徙者二万余户,斥卤渐坏者七万余亩"。时任绍兴知府赵彦倓主持大规模海塘修复工程,他召民工万余人,自汤湾至王家浦全长六千一百六十丈(约20千米)的堤塘全部修复一新,其中有三分之一用石料砌筑,此为绍兴历史上时间最早、规模最大的石砌塘工程。

萧绍海塘镇塘殿段万圣庵

三江闸西侧海塘

俞卿,清康熙五十一年(1712)出知绍兴府。甫到任,即值台风海潮冲毁海塘,淹没良田房屋无数,灾民遍地。俞卿为此筚路蓝缕建设海塘。陈绂《俞公塘纪事略》载:"……始于丙申,迄于丁酉,年余而大功成,边海数十万户有更生之庆。"

明嘉靖十六年(1537)三江闸建成,又建有长四百余丈的三江闸东、西两侧配套海塘,使萧绍海塘连成一片,塘线此后无大变迁。

清代,海塘建设得到进一步加强。康熙五十五年至五十六年(1716—1717),绍兴知府俞卿主持修筑自九墩至宋家溇的海塘,耗资4万两,投劳10余万工,"长堤四十里,俱累累叠以巨石,牝牡相衔"。海塘建筑技术也不断提高。根据海塘所处位置的险要程度,分别将土塘、柴塘、篊石塘改建为各种类型的重力式石塘,主要有鱼鳞石塘、丁由石塘(条块石塘)、丁石塘、块石塘、石板塘等,现存的重力式石塘基本是清代建成或改建的。险要地段还筑有备塘,一旦主塘发生漫溃,可备用此塘而减少淹没损失。塘前有坦水护塘,塘后有塘河与护塘地,以便堆料、运料、取土、抢险,形成一整套布局合理又有实效的防御体系。萧绍海塘上不但有著名的三江闸,还有山西、姚家埠、刷沙、宜桥、楝树、西湖等闸,以资控制排涝和蓄水。

俞公塘

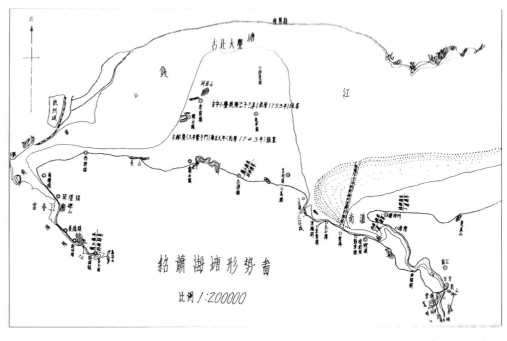

绍萧海塘形势图

清代,萧绍海塘建设标准虽有提高,但仍有海塘决口之记载。清段光清《镜湖自撰年谱》记有同治四年(1865)一次海塘决口之情景:

五月大水,绍兴、山阴地界塘多决口。绍兴、山阴七县,山阴、会稽、萧山在塘中;塘乃明朝万历年间所修,汤太守实主其事,民间立庙祀之,至今不替。大约从前亦有塘,皆不及此塘之完备也,故百姓报之亦厚也。

自塘决口,三县之民皆在水中央矣。余尝过其地,幸民居多有楼屋,人家皆居楼;其无楼者,或用小船,或用木盆,聚居野外坟地,以坟大抵略高也。雨止,日出,则皆晒湿物于坟头。呱呱之童,白发之叟,皆缩居于小船小盆之中,其苦万状,不可悉数。余自宁波来过其地,凡有桥处,船皆不能行走,必寻无桥有水处而行。

此记亦可见海塘防御潮水之重要,及其决口所带来的水灾之苦。

民国时期"西学东渐",新技术、新材料、新机具逐步推广,多应用于萧绍海塘和水闸的建设。

绍兴修筑海塘的历史，可以追溯到越国时期，但有正式历史记载的，始于唐代。北宋嘉定六年(1213)，郡守赵彦倓在土塘基础上筑三江汤湾到王家浦石砌海塘六千一百六十丈(约20千米)，这是绍兴出现石砌海塘的首次记录。到了明代后期以至清代，筑塘技术渐趋成熟。清康乾年间，将土塘、柴塘、箬石塘分别改建为各种类型的重力式石塘。民国以后又引进新材料、新技术。

2017年，萧绍海塘被公布为浙江省省级文物保护单位。

《绍兴市马海、马山标准海塘建设碑记》

萧绍海塘终点

浙江省钱塘江管理局
二〇〇八年八月八日

嵩口斗门"萧绍海塘终点"碑

百沥海塘

百沥海塘位于今上虞境内,南起百官龙山头,向北至曹娥江中利村,转向西北至三联吕家埠,又转向北至沥海后倪村,转东至夏盖山西麓止。由前江塘(百官龙山头至张家埠)、会稽县后海塘(张家塘至蒋邵村东)、上虞后海塘(蒋邵村东至夏盖山)三段组成,全长39.73千米。

宋代以后,百沥海塘塘线基本不变。元代,百沥海塘在砌筑技术上有着很高的地位。据记载:至正七年(1347)大潮,绍兴、上虞一带海塘被冲毁,小吏王永主持筑塘1944丈(6480米)。王永在海塘结构布置方面采用了一些新的方法。首先,每一丈海塘地基内打桩32根,"列为四行,参差排定,深入土内"。每根桩用直径一尺、长八尺的松木做成。然后,用五尺长、二尺半宽的4块条石平放在桩基上,上面再逐层铺放同样尺寸的条石,铺放时采用纵横叠砌的方法,"犬牙相衔,使不动摇"。一般铺砌6层,基础不平的地方可砌至9层,因而塘高超过一丈。后面附以土塘,"令潮不得渗入"。对此,《中国水利史稿》有记载。

明、清两代,海塘又经多次修筑,石塘规模渐次扩大。民国十三年(1924),在潭村、塘湾两处修建混凝土塘1554.5米。1949年,百沥海塘高仅2至3米,塘体多处存在险情。1950年起,采用国家投资、农民投工的办法,对百沥海塘进行抢险补缺、统一加固外围堤岸等工程建设。其中:赵家村东至中利三叉塘,迎水面灌砌块石两级直立塘;百官立交桥至余塘下建成标准塘1.72千米;除中利三叉塘至吕家埠一段外,建有王公沙塘;花宫到前倪一段建有保江塘,百沥海塘从此逐渐转为二线塘。1969年起,百沥海塘外有六九丘涂地围成,自后倪至夏盖山段,外围有各丘堤塘建成,百沥海塘处于二、三线备塘。

曹娥江一线潮

长数百里、犹如巨龙的萧绍海塘是水乡绍兴的壮丽奇观。"声飞两浙天摧鼓,浪压三江雪满城。"三江潮是钱塘江涌潮的一部分,虽不及杭州湾之潮有翻江倒海、吞天盖日之气势,但却有变化无穷、跌宕起伏的特殊景象。

绍兴多有观潮名篇,然以张岱《白洋潮》最为著名。该文记载了绍兴萧绍海塘西北滨海处白洋山一带观潮之所见,写得非常逼真,气势宏伟,读后如亲临其境。

戊寅八月,吊朱恒岳少师,至白洋,陈章侯、祁世培同席。

海塘上呼看潮,余遄往,章侯、世培踵至。立塘上,见潮头一线,从海宁而来,直奔塘上。稍近,则隐隐露白,如驱千百群小鹅,擘翼惊飞。渐近喷沫,冰花蹴起,如百万雪狮蔽江而下,怒雷鞭之,万首镞镞,无敢后先。再近,则飓风逼之,势欲拍岸而上。看者辟易,走避塘下。潮到塘,尽力一礴,水击射,溅起数丈,着面皆湿。旋卷而右,龟山一挡,轰怒非常,炮碎龙湫,半空雪舞。看之惊眩,坐半日,颜始定。

又有鲁迅在《辛亥游录》中记述的绍兴镇塘殿处所见到的滨海苍凉的自然景观,以及著名的曹娥江潮水。

八月十七日晨,以舟趣新步,昙而雨,亭午乃至,距东门可四十里也。泊沥海关前,关与沥海所隔江相对,离堤不一二十武,海在望中。沿堤有木,其叶如桑,其华五出,筒状而薄赤,有微香,碎之则臭,殆海州常山类欤?水滨有小蟹,大如榆荚。有小鱼,前鳍如足,恃以跃,海人谓之跳鱼。过午一时,潮乃自远海来,白作一线。已而益近,群舟动荡。倏及目前,高可四尺,中央如雪,近岸者挟泥而黄。

镇塘殿在今绍兴市越城区孙端街道,古时为绍兴观潮胜地。每年农历八月十八日,这里有著名潮会。塘上有潮神庙,内供两尊佛像,一为涨潮神(伍子胥),一为退潮神(文种)。

三江应宿闸

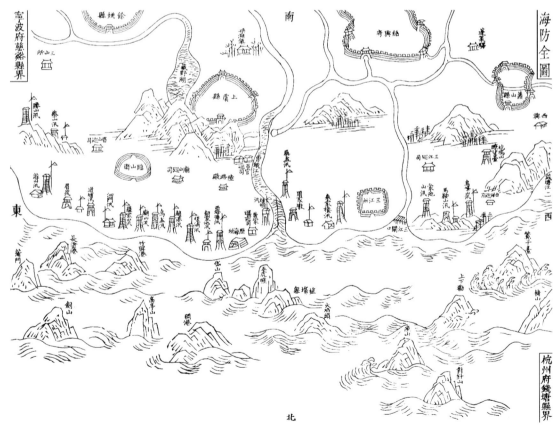

海防全图［清乾隆五十七年（1792）《绍兴府志》］

　　三江应宿闸，简称三江闸，地处杭州湾南岸三江交汇处，由绍兴知府汤绍恩建成于明嘉靖十六年(1537)。系山阴、会稽、萧山三县(今绍兴市越城区、柯桥区、上虞区，杭州市萧山区、滨江区)河网水系挡潮、排涝、蓄淡的枢纽工程，也是中国古代最大的滨海砌石结构多孔水闸之一，开创了绍兴水利史上通过海塘和沿海大闸全控水利形势的新格局。

五眼闸，又名扁拖闸，在绍兴市柯桥区齐贤街道五眼闸村。明万历《绍兴府志》记载："扁拖闸，在府城东北三十里，小江之北。其闸有二：北闸三洞，成化十三年，知府戴琥建；南闸五洞，正德六年，知县张焕建。"扁拖闸兴建60年后，绍兴知府汤绍恩兴建明代中国最大的河口大闸三江闸，扁拖闸遂废。清嘉庆八年(1803)后，废闸改为五孔桥，俗呼"五眼桥"。

　　鉴湖堙废，会稽山三十六源之水直接注入北部平原，原鉴湖和海塘、玉山斗门两级控水变为全部由沿海地带海塘控制。平原河网的蓄泄失调，导致水旱灾害频发。南宋以后，浦阳江下游多次借道钱清江，出三江口入海，进一步加剧了平原的旱、涝、洪、潮灾害。

为了减少鉴湖堙废和浦阳江借道带来的水旱灾害,自宋、明以来,山会人民在兴修水利上付出了巨大的努力,如修筑北部海塘,抵御海潮内侵;整治平原河网,增加调蓄能力;修建扁拖诸闸,宣泄内涝;开碛堰,筑麻溪坝,使浦阳江复归故道等。这些措施有效地缓解了平原地区的旱涝灾害,但仍不能解决旱涝频仍、咸潮内侵的根本问题。当时的水利形势,正如清程鹤翯《闸务全书·序》所称:"于越千岩环郡,北滨大海,古泽国也。方春霖秋涨时,陂谷奔溢,民苦为壑;暴泄之,十日不雨复苦涸;且潮汐横入,厥壤洿卤。患此三者,以故岁比不登。"

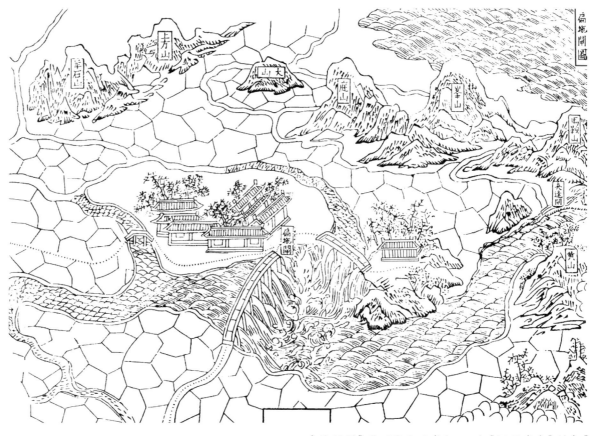

扁拖闸图[明万历十五年(1587)《绍兴府志》刻本]

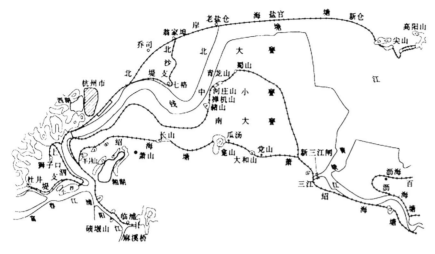

钱塘江三叠位置变化图

此时,浙东运河通过钱清江的航运状况也出现了严重问题(舒瞻撰《重修明绍兴太守汤公祠堂碑文》,平衡《闸务全书续刻》卷一):

钱清故运河,江水挟海潮横厉其中,不得不设坝,每淫雨积日,山洪骤涨,大为内地患。今越人但知钱清不治田禾,在山、会、萧三县皆受其殃,而不知舟楫之厄于洪涛,行旅俱不敢出其间,周益公《思陵录》可考也。

海湖沿——扁拖闸周边环境

安昌涂山石柱，柱上刻有
"闸秀起涂山"等文字。

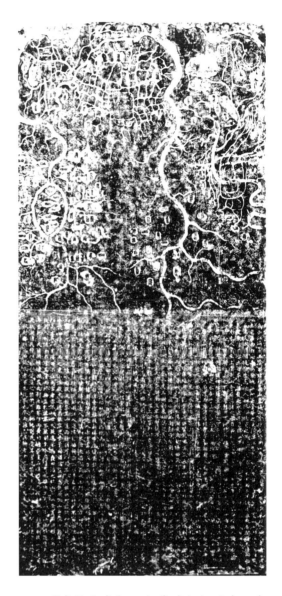

明成化九年(1473)，戴琥知绍兴府。守越十年，对绍兴的水利建设做出了杰出的贡献。

"水利图"详细绘制了绍兴府境水系分布概貌，介绍了绍兴府主要水流发源地、走向等情况，是戴琥在绍兴十年对山阴、会稽、萧山三县水形势及治理方法全面把握的反映。水利图为实地考察和测绘的结果，弥足珍贵。

明代，钱塘江江道北移，相对减缓了钱塘江洪水和涌潮对三江口的冲击，山会海塘线外滩涂开始淤涨。

因此，兴建一处控制泄蓄、阻截海潮、总揽山会平原水利全局的枢纽工程，是继戴琥筑麻溪坝、建扁拖闸以后所面临的紧迫任务。

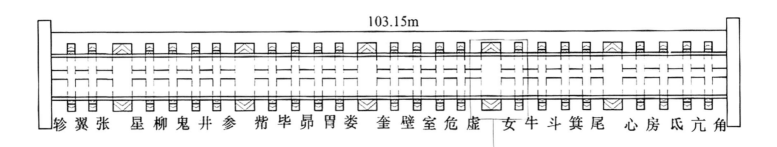

轸翼张　星柳鬼井参　觜毕昴胃娄　奎壁室危虚　女牛斗箕尾　心房氐亢角

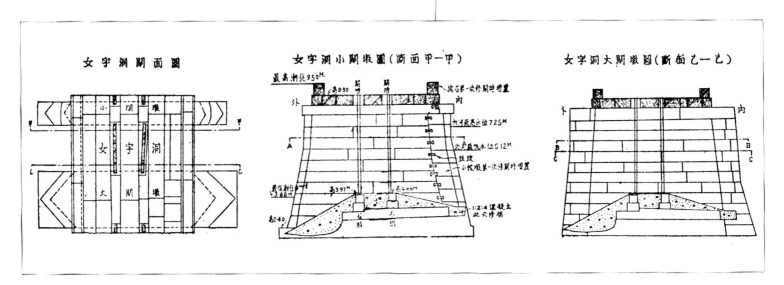

女字洞闸面图　　女字洞小闸墩图（断面甲—甲）　　女字洞大闸墩图（断面乙—乙）

三江闸工程结构图

　　嘉靖十四年(1535)，"郡守汤公由德安莅兹土，化行俗美，民皆安堵，所忧者特潮患耳。""一旦，公登望海亭，见波涛浩淼，水光接天，目击心悲，慨然有排决之志。"次年，"遍观地形，以浮山为要津，卜闸于此，白其事于巡抚周公暨藩臬长贰，佥'允议'"。此为起始选定的闸址，在"浮山"边。然"公乃祭告海神，筑基浮山之西，至再至三，终无所益"。发现浮山之西不适宜建作闸址，于是"公又虑之曰：'事如是可望其成乎？'又相地形于浮山南三江之城西北，见东西有交牙状，度其下必有石骨。令工掘地数尺余，果见石如甬道，横亘数十丈。公始快然曰：'基可定于斯，事可望其成矣。'即于丙申秋七月，复卜吉，祀神经始"。(清程鹤翥《闸务全书》之《郡守汤公新建塘闸实迹》)最后选定玉山闸北、马鞍山东麓的钱塘江、曹娥江、钱清江汇合处的三江口作为闸址，在彩凤山与龙背山之间倚峡建闸。

　　是年七月开始备料筑坝，次年三月闸成竣工，历时不足 9 个月，而闸体实际施工仅"六易朔而告

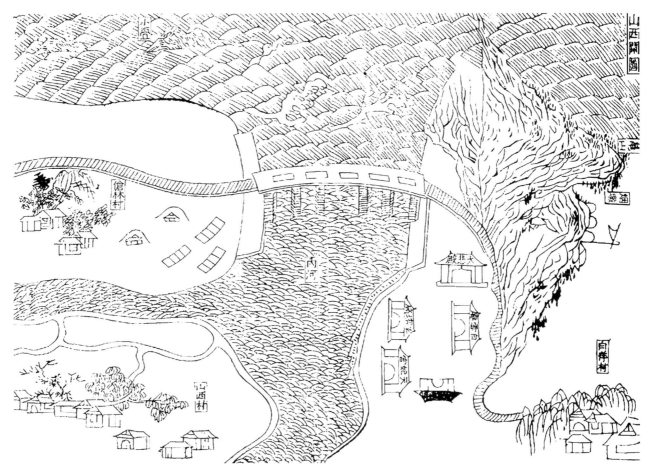

山西闸图 [清康熙五十八年(1719)《绍兴府志》]

成"，共费银 5000 余两。大闸左右岸全长 103.15 米，28 孔，净孔宽 62.74 米。(民国《绍兴县志资料》第一辑《塘闸汇记》)孔名系应天上星宿，故又称应宿闸。取石之地在就近的石宕，"又命石工伐石于大山、洋山"。此外，在闸上游三江城外和绍兴府城内各立一石制水则，自上而下刻"金、木、水、火、土"5 字，以作启闭标准。全闸结构合理，建造精密，设施完备，具有较好的整体性和稳定性。

三江闸建成后，又在闸之西边建"新塘"，"长二百余丈，阔二十余丈"。这其实是一个河道改道工程，由于三江闸建在新的山脚处，建成后必须对原河道实行封堵，使水归三江闸。《郡守汤公新建塘闸实迹》记载了新塘工程建设的艰难。"其工之不易为与费之不可限，尤甚于闸。五易朔而告成，水不复循故道而归于闸矣。"至此，出现了"嗣后河海划分为二"的新格局。明万历十二年(1584)，知府萧良干在白洋龟山新建山西闸，辅助三江闸泄水。

《三江塘闸内地暨外海口两沙新篆图》之"野色溇濛云密罩,湖光潋艳水平分"

《郡守汤公新建塘闸实迹》又载:三江闸建成后,"潮患既息,闸以内无复望洋之叹。因有改望海亭为'越望'又为'镇越'云。塘闸内得良田一万三千余亩,外增沙田沙地数百顷。至于蒲苇鱼盐之利,甚富而饶,驰骤往来,不似乘船之险,观游俯仰,咸称跨海之雄。煌煌禹绩,非公畴能则仿如此哉?"

三江闸的首要功绩是,切断了潮汐河流钱清江的入海口,"潮汐为闸所遏不得上"(《陶谐建闸记》,载明万历《绍兴府志》卷一七),最终消除了数千年来海潮沿江上溯给山会平原带来的潮洪咸渍灾祸。闸成后,又筑配套海塘400余丈(约1333米),与绵亘二百余里的山会海塘连成一线,筑成了山会萧平原御潮拒咸的滨海屏障。从此,钱清江成为山会平原的一条内河,处于钱清江西北之萧山平原诸河也随之成为内河,从而形成了以运河为主干,以直落江为主要排水河道,以三江闸为排蓄枢纽的绍萧平原内河水系。

三江闸泄洪场景

　　三江闸建成后，山会萧平原河湖网成为内河。据测算，山会海塘内的山会萧平原面积（黄海高程 10 米以下）约为 965 平方千米。其中，河湖网水面约为 142 平方千米，占 14.7%；平均水深 2.44 米，正常蓄水量 3.46 亿立方米。（沈寿刚《试议绍兴三江闸与新三江闸》）河湖网既是南部山水下泄的滞洪区，又是平原抗旱的主要水源，为山会萧平原的社会经济、生产生活提供了水资源基础。

　　三江闸将钱清江流域纳入控制范围，使之成为山会萧平原整体的排涝枢纽。闸全开时，正常泄流量可达 280 立方米 / 秒，能使绍萧地区三日降水 110 毫米的暴雨排泄入海，安全度汛，从而彻底改变了决海塘泄洪的被动局面，使"水无复却行之患，民无决塘、筑塘之苦"（《闽督姚公重修三江碑记》，载《三江闸务全书》）。

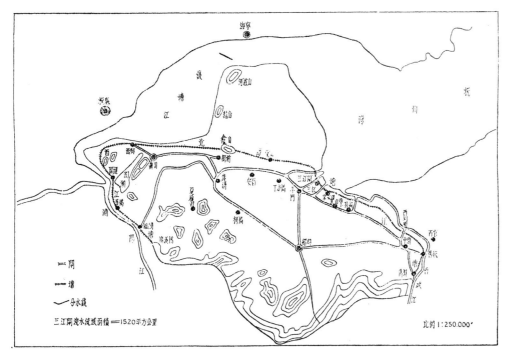

三江闸泄水流域图（民国《绍兴县志资料》第一辑）

三江闸改善了绍萧平原河湖网的蓄水状况。由于大闸主扼运河水系入海咽喉，可以主动控制蓄泄，因而在一般情况下，均可闭闸蓄水，或开少数闸门放水，保持内河3.85米（黄海高程）的正常稳定水位，以提高平原河湖的蓄水量，满足灌溉、航运、水产和酿造等需要。正如康熙《会稽县志》记载："旱有蓄，潦有泄，启闭有时，则山会萧之田去污莱而成膏壤。"（《闽督姚公重修三江碑记》，载《三江闸务全书》）

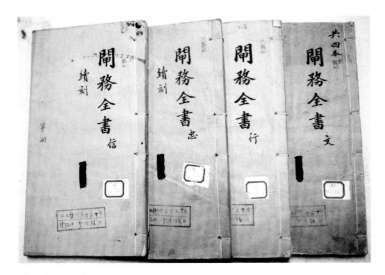

《闸务全书》

《闸务全书》成书于清康熙年间，分上、下两卷，计5万余字。卷首有姚启圣、李元绅等序。除康熙抄本外，还有康熙蠡城漱玉斋和咸丰介眉堂两种刊本，现已稀见，成为珍本。其书主要搜集建闸以来各种图、碑记、文记和成规等，也有一部分系编辑者之著述，故称辑著。辑著者程鹤鹴，字鸣九，明末诸生，世居三江，潜心著述，康熙二十一年(1682)为三江闸第三次大修司事。

《闸务全书》成书100余年后的道光年间，又有《闸务全书续刻》(四卷)问世。辑书者平衡。续刻记述了乾隆六十年(1795)茹菜、道光十三年(1833)周仲墀主持的三江闸第四、第五次大修全过程，还对《闸务全书》作了部分补充。《续刻》与《闸务全书》各具特色，总称《三江闸务全书》。

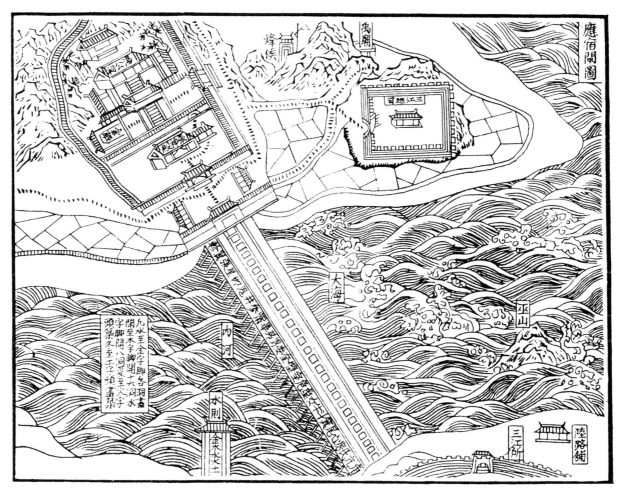

三江应宿闸水则

建闸前,钱清江之北、山阴海塘之南,今下方桥、安昌一带的塘内之田,因受钱清江潮汐祸害,垦种不易,有的甚至弃之为荒。闸成后,钱清江成为内河,荒地始可全面开垦,"塘闸内得良田一万三千余亩,外增沙田沙地数百顷",这对于人多田少的绍兴来说是一笔宝贵的财富。

闸成后,西起曹娥东至西兴的浙东运河段,从此"路无支径,地势平衍,无拖堰之劳,无候潮之苦"(明黄宗羲《余姚至省下路程沿革记》),大大改善了航运条件。按照《萧公修闸事宜条例》"水至金字脚各洞尽开,至木字脚开十六洞,水字脚开八洞"的启闭规定,金字脚、木字脚作为排涝水位不计,则内河高水位为 4.22 米,中水位为 4.09 米,比当今水位分别高出 2 厘米和 19 厘米,灌溉、航运条件甚至优于现在。

　　在钢筋混凝土工程出现之前,三江闸为世界上规模最大的滨海涌潮地段的砌石重力闸坝,其技术领先世界300多年。

　　在天然岩基上清理出仓面后,置石灌铁铺石板,施工方法采用"其底措石,凿榫于活石上,相与维系",再"灌以生铁",然后"铺以阔厚石板",底板高程不一,多数在1.92米左右(黄海高程)。

　　闸墩、闸墙全部采用大条石砌筑,条石每块多在500千克以上,一般砌8~9层,有的超过10层,石与石"牝牡相衔,胶以灰秫"。

　　闸墩顶层覆以长方体石台帽,上架长条石,铺成闸(桥)面;墩则刻有内外闸槽,放置双层闸门,闸底设内外石槛,以承闸板(各洞总有木闸板1113块)。计有大墩5座、小墩22座,每隔五洞置一大墩,唯闸西端尽处只三洞,因"填二洞之故"。

　　三江闸从兴建到日后的管理都有一整套严格的制度。建闸资金,除"请动公币""各捐俸捐资外,于三邑田亩,每亩科四厘许,计得资六千余两。物料始具,其役夫起于编氓"。(《郡守汤公新建塘闸实迹》,载程鹤翥《闸务全书》上卷)

　　大闸建成后,汤绍恩又预备了一定的存款作为日后修闸之专项资金。

　　闸之启闭,按三江城侧之"金、木、水、火、土"水则所示,"闭闸先下内板,开闸先起外板"。28孔均配以闸夫和规则启闭。

　　万历十二年(1584),绍兴知府萧良干主持第一次三江闸大修。工程完成后,集三江闸运行47年之经验,制定了三江闸第一个较完备的管理制度——《萧公修闸事宜条例》(载程鹤翥《闸务全书》上卷)。

三江闸自建成至中华人民共和国成立，共经历六次较大规模的修缮，主持者分别为明万历十二年(1584)知府萧良干、崇祯六年(1633)余煌，清康熙二十一年(1682)闽督姚启圣、乾隆六十年(1795)尚书茹棻、道光十三年(1833)郡守周仲墀，民国二十一年(1932)浙江省水利局。中华人民共和国成立后，历届绍兴政府十分重视对三江闸的维修和养护，以保证三江闸的运行安全，充分发挥三江闸的效益。

新三江闸

三江所城古城门

三江闸文保碑

随着水利形势的变化发展，1981 年，在三江闸北 2.5 千米处，建成流量 528 立方米／秒的大型水闸——新三江闸，汤绍恩所建三江闸遂完成其历史使命。

绍兴治水广场上的汤绍恩像　　　　　　　　　　徐渭手书汤公祠"缵禹之绪"断石柱

汤绍恩(1499—？)，字汝承，号笃斋，四川安岳县陶海村人。"初，绍恩之生也，有峨嵋僧过其门，曰：'他日地有称绍者，将承是儿恩乎？'因名绍恩，字汝承，其后果验。"（《明史·汤绍恩传》）明嘉靖十四年(1535)由户部郎中迁德安知府，寻移绍兴知府，累官至山东右布政使。"为人宽厚长者，其政务持大体，不事苛细，与人不欺，人亦不忍欺。朴俭性成，内服疏布，外服皆其先参政所遗，始终清白，然亦未尝以廉自炫，度量宏雅。"（万历《绍兴府志》卷三十八）在越为守6年，缓刑罚，恤贫弱，济灾荒，兴水利，功绩卓著。

据《总督陶公塘闸碑记》载："西蜀笃斋汤公绍恩，由德安更守兹土，下询民隐，实惟水患。公甚悯之曰：为民父母，当捍灾御患，布其利以利之也，吾民昏垫，不知为之所，乃安食于其土可乎？"

汤绍恩深入实地，遍行水道，选定在玉山闸北·马鞍山东麓的三江口，彩凤山与龙背山之间倚峡建闸的方案。建闸初期，因巨大的工程投入和劳力需要，怨声四起。汤绍恩认定目标，开导民众：现在虽有人怨我，但建闸成功后，水患灾害减轻，人民富裕，百姓必定会肯定此举。所谓"水防用尽几年心，只为民生陷溺深。二十八门倾覆起，几多怨谤一身任"（季本《三江应宿闸》）。

为解决工程经费不足之困难，汤绍恩亲赴省衙要求拨款，不足，则发动三县人士解囊捐助。世家大户、民间人士、店肆作坊积极出资者，汤绍恩亲书匾额以赠之。

三江闸建成后，汤绍恩又指挥百姓在三江闸西侧建造新塘。新塘建造之艰难始料未及，刚筑起的塘堤很快溃决，再筑又溃，损失惨重。为此，汤绍恩昼夜不眠，"乍闻树叶声，疑风雨骤至，即呕血"（《郡守汤公新建塘闸实迹》，载程鹤翥《闸务全书》上卷）。汤绍恩一方面改进填筑技术与方法，一方面写了一篇给海神的文章，置于怀中，赤身躺在新筑的大堤上，口中念道："如果大堤再溃决，我只好将自己的身体一同归之于滔滔东流矣。"（《郡守汤公新建塘闸实迹》，载程鹤翥《闸务全书》上卷）话音刚落，精诚感神。霎时，海面上风平浪静。再筑大堤，竟不再溃决。新塘终于建成，"长二百余丈，阔二十余丈"，水归大闸入东海。

三江闸建成后，与横亘数百里的山会海塘连成一体，切断了潮汐河流钱清江的入海口，按水则启闭，外御潮汐，内则涝排旱蓄。至此，绍兴平原河网基本形成，开创了绍兴水利史上通过沿海大闸全控水利形势的新格局。毛奇龄《绍兴府知府汤公传》记："阅一年功成，共得良田一百万亩，渔盐斥卤、桑竹场叕，亦不下八十万亩。而绍兴于是称大府，沃野千里，绍恩之力也。"

为感念汤绍恩建闸治水的功绩，绍兴府城开元寺和三江闸旁分别建有"汤公祠"，每年春秋祭祀。清康熙四十一年(1702)，敕赐"灵洛"封号。清雍正三年(1725)，敕封为"宁江伯"。今祠已不存，但汤祠对联仍在。"炼石补星辰，两月兴工当万历，缵禹之绪；凿山振河海，千年遗迹在三江，于汤有光。"此系明代诗人徐渭为绍兴汤公祠撰写的题联，为后世传颂。

新三江闸建成后，三江闸对泄洪有一定妨碍，为此1987年拆除三江闸西侧，建桥与剩下的三江闸连接。为纪念汤绍恩，故名"汤公大桥"。

汤公路，在绍兴袍江开发区斗门街道，是滨海连接市区的主干道。为纪念汤绍恩而命名。

绍兴卧龙山汤绍恩"动静乐寿"摩崖石刻

蒿口清水闸

蒿口清水闸外的曹娥江（北向）

164

嵩口斗门位置区域——今绍兴市上虞区东关街道新桥头村南

嵩口清水闸,位于故会稽县东六十六里,今上虞区嵩坝附近老鹰尖下陆家岙,曹娥江西岸龙会山与嵩尖山峡口,古嵩口斗门附近,是明清时期山会平原东部以引水为主的多功能水利工程。

嵩口斗门系鉴湖东端泄水入曹娥江(又称东小江)的泄洪设施,是鉴湖初创时期马臻创建的广陵、嵩口、玉山三大泄洪斗门之一。在这三大斗门中,由于曹娥江的潮汐河流属性长期稳定不变,且并不属于山会地区的运河水系(绍兴河湖网),所以在明嘉靖十六年(1537)汤绍恩建成三江闸,最终确立内河运河水系,广陵、玉山两大斗门退居为内河节制闸以后,嵩口斗门的功能从泄洪为主转变为引水为主,显示了比广陵、玉山斗门更为强劲的水利生命力。

南宋以后鉴湖衰落,湖面大部分垦为农田,水位显著降低,与北部平原河道水位持平,致使嵩口斗门的泄流量急剧下降,逐渐失去了泄洪功能,而山会平原,尤其是地势较高的会稽平原,其蓄水灌溉抗旱的压力,却随着鉴湖衰落日益增加。同时,由于泄流量锐减,嵩口斗门的冲淤功能渐次弱化,致使峡口外进入曹娥江的闸港河床不断淤高。因此,在明嘉靖年间以前,嵩口斗门就"废而为堰",用以控制排入曹娥江的泄流量,以及阻御高潮位时曹娥江水挟潮内灌。

绍兴市上虞区东关街道境内的鉴湖南塘古纤道遗存

绍兴市上虞区东关街道马山村境内的古鉴湖樊家堰遗址

　　明万历《会稽县志》对鉴湖衰落以后蒿口斗门及斗门内配套江道水流变迁作了明确记载:"蒿口斗门,南出白米堰五里。旧自官河东流,经白米堰南折,注蒿沥口入于江。今斗门废而为堰,水遂却行北流入官河。"文中"蒿口斗门,南出白米堰五里",是指鉴湖东面的南北向围堤,从白米堰到蒿口斗门长约五里,此堤史称南塘、官塘,后又称古纤道,至今围堤及堤中泄水堰遗迹尚存。"旧自官河东流,经白米堰南折,注蒿沥口入于江",是指南宋鉴湖衰落以前,由于存在湖内外水位差,鉴湖泄洪时,湖内之水自白米堰南折,自北向南流,经蒿口斗门外泄曹娥江。"今斗门废而为堰,水遂却行北流入官河",是指南宋鉴湖衰落以后,湖内外水位差消失,迟至明万历年间,蒿口斗门失去了泄涝排

白米堰桥——白米堰遗址

洪功能，遂废而为堰，受南高北低地形制约，原鉴湖堤内之水，从嵩口堰至白米堰，自南向北，流入官河（会稽段运河）。明嘉靖十六年(1537)三江闸竣工不久，为提高闸的排蓄效率，对鉴湖湖堤和沿堤堰闸作了统一整修和疏通，改筑成百余里长的水浒，废除湖堤东首的嵩口堰，另在离嵩口堰一里多的龙会山麓新建一孔清水闸，"藉闸以防江，借闸以通源"。这样，嵩口斗门的作用，始从泄洪为主，改为防江、蓄水为主，再发展到嵩口清水闸的防江、引水为主。

蒿口清水闸

蒿口清水闸的建成,与三江闸形成了"东首北尾"互相呼应的水利形势,不仅可以济山会平原的"水旱之平",而且开一地区引外江水灌溉抗旱之先例,其效益是十分显著的。但是,蒿口乡民囿于自身利害,唯恐曹娥江洪潮破闸而入,竟在建闸后不久,将清水闸筑塞,闸外之水始"流塞而源断"。外水既不入,内水亦无出,闸外水道迅速淤塞。至干旱之际,欲作引水,却困于挖掘闸港非旬月不能完工,只好作罢。有鉴于此,明末学士余煌始提开坝建闸之议:"欲救会稽,必通蒿口","惟置闸为启闭,而潮壮则外水不得入,潮落则内水不出,猝遇霉霖,则又可泄之以杀水势,有百利而无一害"。然而,这一有利无害之举,却因各方异议而未果。

清乾隆二十九年(1764),曹娥至蒿坝一带的涨地尽坍,因重筑曹娥江塘,塘的西南端点与蒿尖山北麓连接。过蒿尖山,在龙会山外角的脱续处,清水闸外一里许,也拦建成塘,成为东江塘的南端,全长 610 米,这就是蒿坝塘。蒿坝塘建成后,清水闸废弃。

清光绪年间,蒿坝塘决口。会稽绅士钟念祖会郡绅,参前议,审形势,出家资,在故清水闸偏右的凤山之麓,建成全长 15 米,3 孔,每孔净宽 2.25 米,闸底板至梁板高 6.28 米的砌石结构闸,称作蒿口新闸,也称清水闸,成为山会海塘(今称萧绍海塘)东端的标志性水利建筑物。又在闸内"开水道百九十余丈而外迎剡江(曹娥江)",在闸外"开水道四百余丈以引来源",使"内河常有余,而应宿闸不致久闭得长流,以为出口刷沙之用"。工程始于光绪二十五年(1899)八月,迄于二十七年(1901)十二月,历时八百八十余天。曹娥江水从蒿口清水闸引入运河,流经山会平原,融入河湖网,以资灌溉刷沙,最后"汇玉山,放应宿闸而朝宗于海"。

"蒿坝塘管局"标牌

浙江省重点文物保护单位——蒿口清水闸及管理设施

曹娥江引水工程进口闸站

隧洞衬砌　　　　　　　曹娥江引水工程龙舌嘴平水东江节制闸

　　21世纪初，为建设生态宜居城市，重振绍兴水乡和东方水城的风姿神韵，从根本上改善绍兴市区河道水环境，中共绍兴市委、市政府继环城河、大环河、浙东运河综合整治后，再次决策，实施"曹娥江引水工程"。引水工程是绍兴市区清水工程的关键性工程，引水口位于古蒿口西南约9千米的小舜江与曹娥江交汇处，地处曹娥江上浦闸上游，自西向东横穿上虞市（今上虞区）、绍兴县（今柯桥区）和越城区，在绍兴县（今柯桥区）平水镇下灶村进入上灶溪、平水江（若耶溪）、回涌湖，出龙舌嘴向西，经南环河进入绍兴城区河网，全长26千米。

　　工程主要包括进口河道、进口闸站、输水隧洞、连接箱涵、出口河道及下游配水节制闸等，其中输水隧洞东起汤浦镇长山头村，沿线经过汤浦镇、富盛镇、平水镇，西至剑灶村，长约14.66千米。

　　设计正常引水流量10立方米/秒，日引水量86万立方米，年引水量约2.5亿立方米。在上浦闸关闭时，

若耶溪

取水口水位可以提高到 5.6 米(黄海高程),高出绍兴平原河网正常水位 3.9 米,有 1.7 米的水位差,有利于自流引水,极大地节约了经济成本;在上浦闸开放时,又可以拦截小舜江来水,泵入进口闸站,以确保常年引水。工程于 2007 年 10 月开工,2011 年 1 月建成通水运行,总投资约 4.97 亿元。2011 年 2 月 14 日,曹娥江引水工程正式通水。清澈的曹娥江水,经输水隧洞等引水工程的调节引导,流过越中名溪若耶溪,出龙舌嘴,经南环河、环城河,流入绍兴城内河道及平原河网,再北出新三江闸,朝宗于杭州湾入海,从而为绍兴这个举世闻名的东方水城引来了源远流长的曹娥江源头活水,增添了一套"吐故纳新"的清水系统。

狭獠湖避塘

"千顷狭溇似镜平，中流皓月写空明。动疑兔魄随波去，静见骊珠蹴浪生。光满星芒都北舍，湖宽雁影尽南征。谁分秋水长天色，遥岸萧萧折苇声。"这是清代山阴诗人陈雨村站在绍兴狭溇湖避塘上，观赏湖上秋月时吟咏的《狭溇秋月》诗。

诗人笔下似镜一般清澈汪洋的"千顷狭溇"湖，位于今绍兴城西北约 12 千米的越城区东浦街道境内。它是因海平面升降运动变化而形成的潟湖。汉唐之际，会稽（越州）郡城北部沿海的防海堤塘逐步成形，潟湖内原先遗留的海水，经源自会稽山的"三十六源"溪水以及镜湖水的淡化，最终演变为巨大的淡水湖。狭溇湖名的出典，则缘于湖中盛产黄色无鳞的狭溇鱼。

狹篠湖

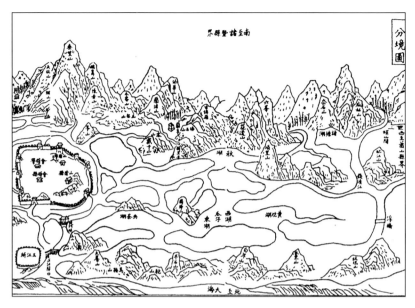

清嘉庆《山阴县志》"全境图"所示狭溇湖位置

狭溇湖素有"纳九河之水"的说法（实际汇入河流有十余条之多）。此湖属于镜湖水系的天然湖泊。据《嘉泰会稽志》记载：狭溇湖为"镜湖之别派"，即镜湖的另一分支。历史上的狭溇湖，曾有过多个名称：宋光宗绍熙初年，此湖一度被命名为"王公湖"，主要为纪念大力兴修水利、为民众造福的绍兴知府王信。据明万历《绍兴府志》载："山阴境内，狭溇湖四环皆田，岁苦潦。"沿湖的农田每年受到湖水淹浸。南宋绍熙元年(1190)，绍兴知府王信获悉民间疾苦，兴工在湖的四周筑起水利工程，"创启斗门，导停滞，注之海，筑十一坝，化汇浸为上畛。民绘像以祀，更其名曰王公湖"。《嘉泰会稽志》中，此湖记载为狭溇湖。明万历《绍兴府志》及清代府县方志的记载，与《嘉泰会稽志》一致。民国二年(1913)，绍兴县政府的公文与布公告，曾将此湖写作"秧桑湖"。此外，民间还有"黄鱼桑湖"等称呼。

关于狭溇湖的水域面积，不同朝代的方志有不一样的记载。据明万历《绍兴府志》载："周回(围)约广十余里。……此湖宜于蓄水，乃近稍为有力者侵也。"清康熙《会稽县志》载："山阴西北有湖曰狭溇，直阔十里许。"而嘉庆《山阴县志》则载：狭溇湖塘，湖"周回(围)四十里"。

嘉庆《山阴县志》所称湖"周回(围)四十里"，如不是修志者的笔误，则有可能是指此湖最

狭溇湖避塘

早的范围。现代史志研究者一般认为,狭溇湖周围,应为二十里方圆,傍湖原有大小 20 多个村庄。不同时代该湖面积为何会有如此大的出入?原因只有一个。正如万历《绍兴府志》所载"此湖宜于蓄水,乃近稍为有力者侵也"。千百年间,民间豪强不断蚕食,填湖造田,导致湖面逐步缩小。历尽千年沧桑,目前此湖面积为 234.68 万平方米,正常蓄水量 635 万余立方米,仍为绍兴平原水乡最大的天然湖泊。

建于明崇祯十五年(1642)的狭溇湖避塘,又称备塘。与其他省市的避风塘不同,它建于湖中央,是用于行舟避风的石质堤塘。它既可供水上行船背纤,又可在紧急情况下用于舟楫避险,还具有减少浪涛对湖田冲击、防止水土流失的功能。

避塘上的石梁亭

避塘上的单孔石梁桥

避塘上的系船孔

作为由民间全资兴建的水利建筑，狭猻湖避塘的形状，从侧面远看，与筑于西兴运河中央的官塘（古纤道）无异，均高出水面近1米，亦有桥与凉亭，能供行人与背纤使用。

但走近细看，却与官塘明显不同。避塘的建造，略呈"S"形；它的基石，是规格大体相等、长约2米的粗大条石。条石横铺于湖中，层层实叠，最后在上面覆以石板（有的地段未覆石板）。

避塘麻花石

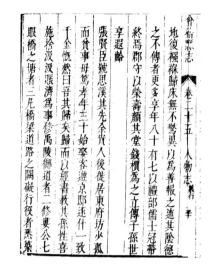

清康熙《会稽县志》对避塘创始者张贤臣的记载

狭㵑湖湖口庙

　　狭㵑湖避塘的建造经过，嘉庆《山阴县志》曾有记载："狭㵑湖塘，湖周回（围）四十里，傍湖居者二十余村。湖西尤子午之冲，舟楫往来，遇风辄遭覆溺。明天启中，有石工覆舟遇救得免，遂为僧，发愿誓筑石塘，十余年不成，抑郁以死。会稽张贤臣闻而悯之，于崇祯十五年（1642）建塘六里，为桥者三，名曰天济。盖罄赀产为之，五年而工始竣。塘内舟行既可避风涛之险，兼以捍卫沿湖田畴。邑人感其德，为立祠塘南，岁祀之。"

　　值得一提的是，张贤臣并非山阴人，而是会稽县人氏；他不是当地官吏，手中并无权力与资源可使。除了建造山阴县的狭㵑湖避塘，张贤臣还捐修了山阴县的七眼（贤）桥石塘、会稽县的大禹陵御道与孙端大桥等。因此，百姓将他与马臻、汤绍恩相提并论，立祠祭祀。清康熙《会稽县志》有如下记述："张贤臣，号思溪，其先余贵人，后徙居东府坊。少孤而贫，事母笃孝，年三十始娶。客游京邸，逐什一，致千金。慨然曰：吾其归矣。归而以经书教其孙。性喜施舍，汲汲赈济为事。修禹陵御道者二，修娄公七眼桥之塘者三，凡桥梁道路之阙碍行役者，悉筑砌之。山阴西北有湖曰狭㵑，直阔十里许，舟过遇巨风辄覆，贤臣筑石塘其中。石费工费六千两有奇，七阅岁而落成。舟行登塘举纤，舟无覆者。享年八十有四。诸村人思之，祠祀于后社村水神庙之右，岁时致祭。民颂其迹，比之马汤二公。"

古人为何要在狭猽湖中修建避塘？原因有二：一是，这里湖面广阔；二是，此湖处于方志中所称的"子午之冲"，即南北气场交叉的落风口。在古人笔下，平常"似镜平"般的大湖，一旦刮起风来，转瞬间便会波涛汹涌，露出凶险的一面。由于周围无处避险，载人、载货的舟船经此，船覆人亡的悲剧常有发生。

狭猽湖避塘的长度，据方志记载，西起七里江村明星庵，东至林头村天济庙，"建塘六里，为桥者三，名曰天济"。狭猽湖避塘原先是以天济庙的庙名来命名的。古人之所以选择"天济"作为塘名，可能包含两层含义：一是，从建筑过程上说，是感恩天济庙的神灵护佑，使这长达3千米筑于大湖中的石塘，前后经五周年寒暑，得以安全、顺利竣工；二是，从作用上说，是上苍护佑过往舟楫与人员，在遇到水上风险时，避塘是一种人救与自救相结合的救济屏障。

据曾设于避塘上的"捐资碑"载：这座明代水利工程建成后，在清嘉庆、咸丰、同治、宣统年间，由民间捐资曾进行过多次修缮；中华人民共和国成立至改革开放前，政府先后做过整修。历经岁月沧桑，现尚存石砌避塘约1.5千米，遗有明清风貌的石制路亭一个、石梁桥2座。1989年12月，狭猽湖避塘被浙江省人民政府公布为浙江省文物保护单位；2013年3月，被国务院公布为全国重点文物保护单位。

狭猽湖北岸塘堤

全国重点文物保护单位——狭猽湖避塘

　　20 世纪 60 年代前后，乌篷船是绍兴主要水上交通工具。乌篷埠船，从浙东运河经东浦向北，进入狭猱湖，穿过湖面，途经潞家庄、西山头等地，一直向前，过花浦桥，进入斗门，这是一条常走的水路。在狭猱湖上行船，遇到顺风，船会扬起风帆，乘风破浪。遇到很大的"横边风"与巨浪时，为防止意外，船必须躲进避塘桥内避风。

万顷碧波上的狭獖湖避塘

狭猿湖环湖路（一）

夏夜时分，驻足于饱经沧桑的狭猿湖避塘，在习习凉风中，遥望天上皓月，耳听浩渺湖上涛声，抚今追昔，让人浮想联翩：它不仅是古代绍兴能工巧匠创造力的结晶，是一处由纯民间力量建成的大型水利遗产，更体现了古代绍兴先贤积德行善、造福桑梓的宽厚情怀。狭猿湖避塘是弘扬爱国、爱乡精神的鲜活载体，同时还是寄托着浓郁乡愁的活"化石"。

狭猱湖环湖路（二）

滨海闸系

曹娥江

萧绍海塘上的越城区与上虞区界碑

绍虞平原包括越城区、柯桥区及上虞区的东关街道等,属曹娥江流域的运河水系,流域面积 1336.55 平方千米,其中山丘面积 531.78 平方千米,平原面积 804.77 平方千米。萧绍曹运河,自萧山临浦经钱清、柯桥、皋埠、陶堰、东关至曹娥,纳会稽山北麓的夏沥江、型塘江、漓渚江、娄宫江、坡塘江、平水江、攒宫江、富盛江、石泄江等诸河,由河网与湖,包括芝塘湖、瓜子湖、鉴湖、贺家池、白塔洋、康家湖等湖泊相连。其径流主要由西小江、荷湖江、直落江经新三江闸注入曹娥江。其他入曹娥江的有马山闸、红旗闸、迎阳闸、东江闸、棟树下闸、汇联闸等。2010 年,绍兴县建成滨海闸,直排钱塘江。该地河网密布,河密率为 2.38 千米 / 平方千米,河网高水位蓄水量 2.72 亿立方米,主要通航里程为 650 余千米。

绍虞平原萧绍海塘建成后,形成绍虞平原水系蓄、排封闭圈。中华人民共和国成立前,建有三江闸、清水闸、山西闸、姚家埠闸、棟树下闸、宜桥闸、刷沙闸、西湖底闸等。中华人民共和国成立后,在三江闸下游 2.5 千米处建新三江闸,在萧绍海塘绍兴段新建马山闸、汇联闸,移建棟树下闸,根据围涂建设新建红旗闸、迎阳闸、东江闸、滨海闸。原萧绍海塘的水闸,有的成为内河节制闸,有的报废停用。

绍虞平原塘、闸的建设,使众多河湖形成纵横交错的水网,造就农田排灌自如、航运畅通便捷,惠泽了一代又一代的绍兴人。塘、闸建设是越地人民用血汗写就的波澜壮阔的治水史诗,它记录了绍兴人民的勤劳智慧,谱写了千百年来绍兴人民与水共存共兴的历史篇章。

　　新三江闸建在新淤积的粉砂土地基上,采用沉井群组合成整体的基础处理方法。全闸共有大小沉井99只,闸室5只主沉井最大,每只宽22.4米、长19.3米、高6米,用钢筋混凝土筑成。

　　由于设计合理,基础处理有创新,工程质量好,1984年被浙江省人民政府评为沉井群基础科技成果三等奖,1984年5月和10月分别被浙江省计划经济委员会评为优秀设计二等奖和优质工程奖。

　　三江闸自明嘉靖十六年(1537)建成后，由于钱塘江下游出水主道经冘山、赭山间的"南大门"而入海，紧靠绍萧平原连接海塘，闸外无涨沙之患，闸内水可畅泄，使"山会萧之田去污莱而成膏壤"。明末清初，钱塘江下游出水主道改迁于赭山、河庄山间的"中小门"而出，以后又日渐趋北，直至从河庄山、马牧港间的"北大门"入海。随着上述的"三门"变迁，三江闸闸外淤沙日积，继而出现阻滞宣泄的情况，绍萧平原的水旱灾害随之增加。

　　此后的近三百年间，特别是中华人民共和国成立后的近三十年，采取浚港通流的方法，保持了三江闸的完好。但由于钱塘江下游出水主道一直稳定在"北大门"而出，塘外自西兴至三江闸一带形成广袤的沙涂，致使平原抗御水旱的能力得不到明显改善。抗涝能力，仅从中华人民共和国成立初的三日降雨110毫米不成涝，略提至130毫米左右，相当于二年一遇的标准；抗旱能力，基于三江闸内涝时往往因闸江淤阻或潮洪顶托，不敢过多地蓄高内河水位，唯忧一场大雨而成灾，加上生产、生活用水日增，平原的夏秋之时，往往晴热30余天，就会出现用水紧张、局部受旱的局面。

　　随着海涂的不断围垦，到1970年冬，三江闸有2.5千米长的出海通道被马山围涂西堤和县围七〇丘东堤紧紧挟住，三江闸出口流道被淤沙封填，导致无法启门泄流。1972年7月，筑堤封堵了三江闸出海通道，从而结束了三江闸长达435年光荣而又沉重的使命。

　　三江闸历史使命的终结，导致绍兴平原水利形势日趋严峻。

　　一是平原南部山丘虽然有山塘水库滞蓄，但多系小塘小库，一场大雨，众水骤下而涌入平原水网。

　　二是平原虽有142平方千米的水网，但河网滞蓄能力有限，容不下流域100毫米的雨量。

　　三是三江闸封堵整个绍萧平原，除萧山能排出一部分水量外，绍兴平原和萧山平原的余水全部由马山、红旗等四闸外泄，而此四闸设计的排涝能力只有395立方米/秒，又因为潮水顶托等因素，实际泄洪能力远远不到设计水平。

　　面对如此被动的水利形势，亟待一座大型排涝水闸来总领平原水系的蓄泄，以扭转水旱洪涝的局面，新三江闸因此诞生。

三江闸失去排涝功能后，直接影响附近 50 多万亩水稻田的汛期排涝。由于皇甫、孙端等地离三江应宿闸较远，流程过长；马山境内，东西走向的河流大都弯曲窄小，流量不大；加之内河养鱼，为防鱼类逃失，就在江河上筑箔置箭，虽仍可流水、通航，但严重影响了流水速度；沿河两岸杂草丛生，致使河床流水不畅，所以三江闸开闸泄水时，三江等村的河底已朝天，而孙端、马山一边还是洪水一片。1963 年 2 月，经浙江省人民委员会批准建造马山闸，并于当年 12 月竣工。马山闸主要排泄孙端、皇甫、皋埠、东关一带的涝水，是萧绍平原东部主要排水闸之一。

　　马山闸位于原绍兴县孙端镇镇北曹娥江畔。闸共 6 孔,每孔净宽 8 米,全闸总宽 59.46 米,设弧形钢板工作闸门,闸底板高程 -0.03 米。闸上建交通桥与启闭室。闸建成后,由于上游闸江尚未配套,实际泄流量仅为设计的十分之一。经 1964—1965 年、1968 年、1974—1976 年 3 次较大规模的闸江整治,遂接近设计泄流量。2000 年初,马山闸所在堤塘实施标准海塘建设,遂对马山闸进行全面维修。

　　栋树下闸,建于清同治七年(1868)四月,3孔,净孔宽7.5米,木叠梁闸门。闸底板面层以1.00米×2.00米×0.15米和0.60米×2.30米×0.15米2种规格石板竖横相间铺筑,下以木桩加黄泥为基础。闸底2.43米(黄海高程),翼墙与闸底板之间用锡浇铸相连。闸墩、闸墙用大块料石砌筑而成。

　　马山闸未建时,栋树下闸是泄原绍兴县东北部马山、孙端、皇甫、皋埠、东湖及上虞沽渚、啸金诸水入曹娥江的主要水闸,是钱塘江沿岸至今还在发挥排涝功能的古代水闸。

　　2002年5月栋树下新闸建成后,按照"修旧如旧"原则,对栋树下闸进行保护性加固。

棟树闸刻石文字　　　　　　　　　　　　　《棟树闸重修碑记》

　　2000年12月，为保护棟树下闸的历史风貌，消除古闸因年代久远、设计标准偏低所造成的隐患，并与新建的高标准海塘同步发挥效益，在棟树下闸以东70米处易地修建，更名棟树闸。棟树闸为单孔8米宽，钢筋混凝土结构。闸基础采用18米×17米×4米大小钢筋混凝土沉井，闸底高程0.12米，最大泄流量139立方米/秒。2001年2月动工，7月下闸挡潮，10月竣工。

红旗闸

东江闸

红旗闸位于原绍兴县马鞍镇东围海涂七〇丘东堤。闸总 2 孔,每孔净宽 4 米,总净孔宽 8 米。钢筋混凝土插板闸门,闸底高程 0.63 米,油压启闭,最大泄流量 40 立方米 / 秒,主泄原绍兴县海涂垦区及陶里、马鞍之内水。1970 年冬动工,1971 年 5 月竣工。

1998 年始,原绍兴县境北一线堤塘实施高标准海塘建设,红旗闸所在堤塘需外移与两侧标准海塘衔接。新闸于 1999 年 6 月在原址东北 450 米处动工新建,2000 年 5 月竣工。仍保留原闸。

东江闸位于原绍兴县围海涂九〇丘东堤北端,主泄海涂垦区涝水入曹娥江,兼平原内水调控。东江闸两侧堤防防洪标准达到百年一遇标准,因此东江闸闸室、闸顶交通桥按百年一遇标准设计,最大泄流量 158.26 立方米 / 秒。1991 年 2 月 21 日动工,1993 年 3 月 20 日竣工。

迎阳闸位于原绍兴县海涂九一丘东堤北端,与东江闸相距 3.8 千米左右,以排涝为主,兼挡潮、通航、泄内水入曹娥江。按五十年一遇标准设计,闸设计流量 141.4 立方米 / 秒。闸的结构、设计与东江闸类同。1991 年 12 月 7 日动工,1993 年 6 月 30 日竣工。

东江和迎阳二闸辅佐新三江闸泄水。当新三江闸外淤积排水不畅时,境内平原涝水可通过姚家埠闸和解放闸经海涂干河由东江和迎阳二闸外排泄水。

迎阳闸

姚家埠闸

　　滨海闸设计规模为3孔，每孔净宽8米，总净孔宽24米，闸底高程-0.5米。闸室基础为空箱式结构，闸上设交通桥和工作桥；闸基础为砂质粉土，属高压缩性软土，对闸室和其上、下游两侧采取振冲处理。闸室及两侧岸墙基础采用钢筋混凝土空箱基础，为防渗及抗震动液化，空箱四周另设1米深地下连续墙。

　　挡潮排涝闸闸上游两侧为1.7千米长的新开环塘河。挡潮排涝闸与节制闸之间的通水河道，宽100米，底高程0.0米，护岸顶高程5.0米。河道岸坡采用干砌块石复式断面护坡。

　　滨海闸枢纽工程位于原绍兴县滨海工业区北部的钱塘江边，距绍兴市区约40千米，距新三江闸约20千米，距曹娥江大闸5.5千米。排涝标准按三十年一遇设计，挡潮标准按百年一遇设计，最大排涝流量299立方米/秒。工程综合了挡潮、排涝、配水等功能。其作用，一是能有效提高绍兴平原的抗涝能力，增加绍兴平原向北直接出钱塘江的排涝出口；二是依托滨海大河形成绍兴平原排涝快速通道，是绍兴平原直接排水入钱塘江的主要出口之一。滨海闸枢纽工程由一座挡潮排涝闸、一座节制闸、1.7千米河道组成。2010年1月9日，滨海闸开通试运行。

飞跃闸遗址　　　　　　　　　　　　解放闸　　　　　　　　　　　　前进闸

　　绍兴塘闸工程管理机构古已有之。有记载的塘闸管理机构，始见于明万历十二年（1584）绍兴知府萧良干制定的《三江闸见行事宜》，专设闸官 1 名、闸夫 11 名，负责管理和操作。历明、清、民国，绍兴塘闸管理机构延续设置，变更频繁。中华人民共和国成立后，塘闸管理机构进一步加强，设立绍兴县塘闸管理所，驻三江闸汤公祠。1981 年新三江闸建成后，更名为绍兴县塘闸管理处。2013 年撤绍兴县设柯桥区，又更名为柯桥区塘闸管理中心。

曹娥江大闸

曹娥江大闸枢纽工程是浙东引水工程的重要组成部分，位于钱塘江下游右岸主要支流曹娥江河口，距绍兴市区 30千米。大闸与钱塘江南岸海塘共同防御杭州湾钱塘江风暴潮对曹娥江两岸滨海平原的危害，防护范围内人口 490 万、耕地 21.33 万公顷。工程以防潮（洪）、治涝、水资源开发利用为主，兼顾改善水环境、航运等综合利用功能。

杭州湾，钱塘江入海处的喇叭口。北濒杭州和嘉兴，南临宁波、绍兴，湾外为舟山群岛。
绍兴旧时称"海"或前海。杭州湾以钱江潮著称。

曹娥江两岸滨海平原

曹娥江大闸围堰龙口合龙

曹娥江大闸为大（Ⅰ）型水闸，工程等级为Ⅰ等。挡潮泄洪闸等主要建筑物的潮水标准为 100 年一遇高潮位设计，500 年一遇高潮位校核；洪水标准为 100 年一遇设计，300 年一遇校核。闸上游河道水库正常蓄水位 3.90 米，相应库容 14600 万立方米，多年平均可增加利用水量 6.9 亿立方米 / 年。闸设计泄洪流量为 11030 立方米 / 秒，校核泄洪流量为 12850 立方米 / 秒。

曹娥江大闸施工现场（一）　　　　　　曹娥江大闸施工现场（二）　　　　　　曹娥江大闸施工现场（三）

曹娥江大闸挡潮泄洪闸共设28孔，每孔净宽20米，总净宽560米，总宽697米，闸底板高程-0.5米。

挡潮泄洪闸垂直水流方向长697米，平行水流方向长507米，从上游至下游布置有上游抛石防冲槽、防冲小沉井、上游护底、上游护坦、闸室段、下游消力池、下游海漫、下游防冲大沉井和下游抛石防冲槽。

闸室为整体式结构，闸上设交通桥，桥宽8米，为空箱式结构，空箱内布置电气设备、启闭机油压设备及管道。

闸顶上层为观景长廊，也称交通天桥，长716米，最高点高程24米，圆拱形的幕墙玻璃两端与集控楼连接。中间五个分隔墩上分别竖立着一至五号交通楼，交通楼最高点高程29米。交通楼分三层，每层都具观潮、休息、餐饮等功能。

曹娥江大闸雄姿

大闸堵坝长 574 米，位于大闸导流明渠段，东端与上虞市九四丘堤防相接，西端与大闸导流堤相接，坝身为土石混合坝，堵坝的外侧为抛石戗堤。

大闸的观测项目有：建筑物变形观测、基础扬压力观测、水位观测、上下游冲淤观测、水质监测等。

大闸的观测设施有：沉降标点、水平位移标点、渗压计、土压力计、测缝计、测斜仪、自记水位计、水尺、测量船、超声波测深仪、全站仪、经纬仪、水准仪，以及水质监测设备等。

钱塘江以涌潮闻名于世

曹娥江河口段为感潮河段，受山洪与风暴潮共同危害，近河口段（曹娥以下45千米范围）以风暴潮灾害为主。曹娥江河口段主要海塘有：左岸的萧绍海塘、中百保江塘、五甲新塘、道墟保江塘、马海围堤、绍围七〇丘、绍兴海涂围堤，右岸的百沥海塘、王公沙塘、五甲新塘、沥海保江塘、海涂堤塘。其中在明清海塘基础上加高加固的萧绍海塘（一线）和百沥海塘（一线）已达到百年一遇标准，新建的五甲新塘和马海围堤也达到百年一遇标准，其余海塘达到五十年一遇标准。

曹娥江大闸使宁绍平原连成一片,成为浙东水资源的调度中心,对浙东的经济发展具有重大的战略意义。

曹娥江大闸挡潮泄洪闸

　　曹娥江大闸建成，曹娥江河口段由外江变成内河，原来危害严重的风暴潮被挡在曹娥江大闸外。

　　曹娥江大闸建成后，不但有效防止河道淤积，还使闸上河道成为淡水水库，南面承受曹娥江上游径流和水库放水量，西面接引富春江引水，形成以曹娥江上游山区水库为龙头，以曹娥江大闸闸上水库、平原河网为依托的多元化水资源调配系统。

曹娥江大闸闸前大桥

　　曹娥江大闸建成后，提高了水资源利用率，有利于改善两岸河网水环境，可大大提高杭甬运河500吨级改造工程的通航保证率，并减少船闸数目。

　　杭甬运河的曹娥江航段长度9千米，由于内河和感潮河流的水位不一致，需在曹娥江两侧建造船闸(塘角船闸、大库船闸)。曹娥江通航水深保证率受径流、潮汐、通航河段内"浅点高程"等因素制约，年内、年际变化悬殊。据统计分析，年通航水深保证率为27% ~ 80%。曹娥江大闸建成后，曹娥江河口段变为内河，河床刷深，水位稳定，通航水深保证率超过80%，有利于降低航运成本，提高水运规模及效益。

"女娲遗石"

"治水者风采"雕塑群像

曹娥江大闸既是一个优质的现代化水利工程,也是一处精美的水利园林景观,还是一座内涵丰富的水文化博物馆。其水文化建设以"天人合一"思想为核心,在传承老三江闸文化的同时,又具有时代创新性。

"女娲遗石",位于滨海曹娥江大闸入口处。此石形状奇特,色彩斑斓,前后两面自成一体。前面坦荡如砥,后面陡峭险峻,形成反差。女娲补天是天人之间的一种互动,而建造大闸则寄托着绍兴人民与曹娥江和谐相处的美好愿望。

"硕碑崇亭"

　　"治水者风采"雕塑群像，矗立在滨海曹娥江大闸管委会院落内。兴建曹娥江大闸，既是对治水传统的继承，也是水利事业的时代创新。当代治水者已经告别了背扛肩挑、锹挖车推的年代，他们依靠智慧和先进的科技成果来兴修水利，造福当代和后代。作品记录了当代治水者的风采。

　　"硕碑崇亭"，即"安澜镇流"碑亭。碑亭坐北朝南，位于曹娥江大闸西端。全碑通高 9.2 米，重104000 千克。碑正面镌刻"安澜镇流"四个大字，其上有"顺天应宿"四字篆额。碑上有八角重檐高亭覆盖。碑亭外有天然石碑一块，上刻"中国第一河口大闸"。

"四灵华表"

"娥江飞虹"

"高台听涛"

"名人说水"

"四灵华表"，竖立在曹娥江大闸陈列馆广场。因为曹娥江大闸的二十八孔对应天上二十八星宿，故"四灵华表"具有深刻的象征意义。

"娥江飞虹"，在曹娥江大闸上游 1000 米处。连接上虞和绍兴的闸前大桥横跨曹娥江，全长 2400 米，桥面宽 45 米。远观该桥，犹如一道凌空飞虹，横架两岸；又如一帘轻盈飘逸的素练，翩然飞舞。

"高台听涛"，位于曹娥江大闸之上。高台就是大闸上的观景长廊，东西长 716 米，南北宽 10.2 米，高 4.5 米。长廊左右两侧及穹顶均使用玻璃幕墙，视野开阔，凭窗眺望，曹娥江风光尽收眼底。

"名人说水"。大闸的建设者们将古今中外思想家、政治家、文学家等有关"水"的精辟之言，因句择石，并书丹其上，共计117 块，形成了独特的"名人说水"刻石景观。

2010年12月,曹娥江大闸被中华人民共和国水利部公布为国家水利风景区。2011年11月7日,2010—2011年度中国建设工程鲁班奖(国家优质工程)颁奖大会上,曹娥江大闸枢纽工程与上海世博会中国馆、杭州湾跨海大桥、黄河小浪底水利枢纽工程等受到表彰。这是浙江省第二个获得鲁班奖的水利工程,也是绍兴市历史上首个获得鲁班奖的水利工程。评审委员会给出的评审意见如下:"曹娥江大闸工程设计合理、先进,开创性地将最新的工程技术与传统的治水文化以及秀丽的生态环境景观有机结合,无论是工程实体质量与工程感官效果,还是工程对环境的改善以及与人文和生态环境的协调等方面均达到国内领先水平,对全国的水利工程建设具有明显的示范和带动作用,是水利工程的精品之作,部分技术达到国际先进水平。"

国家水利风景区——曹娥江大闸

附：绍兴塘闸杂说

一

《越绝书》卷八载："吴王夫差伐越，有其邦，句践服为臣。三年，吴王复还封句践于越，东西百里……"《吴越春秋》卷八也载："吴封地百里于越，东至炭渎，西止周宗，南造于山，北薄于海。"这个区域后来叫"山会地区"——比今天的越城区只大一点点！地形是山—原—海三级台阶。

20世纪初的山会平原

这种地形最显著的特征是淡水蓄不住，而海潮则可以倒灌入山麓，从而成为一片终年泛滥的沼泽地。齐国管仲曾说："越之水重浊而洎，故其民愚疾而垢。"

二

由"塘与闸"，我们可以联想到"堵与疏"。一般认为，鲧禹治水，鲧采用的是堵的办法，结果失败了，禹反其道而行之，一改堵为疏，取得了成功。其实塘的功能就是堵，闸的功能则是疏，塘与闸，少了哪一方都不成！

绍兴人凼、荡、宕、塘不分，有时一律写作塘，如型塘，本意是被刑者防风氏人太高，刽子手够不着，就掘了个坑将防风氏推进坑里再行刑……这分明是凼么！写作"型凼"才合理。

把"荡"误作"塘"最典型的是朱自清的散文名作《荷塘月色》，其实应为《荷荡月色》才对！

采石场称石宕，从采石场出来的下脚料绍兴人称宕碴，但却写作"塘碴"。

东汉许慎《说文解字》卷二十三《门部》说："闸，开闭门也。从门，甲声。"清朱骏声《说文通训定声》曰："今河中垒石，左右设版潴水，可以启闭，曰闸门，曰闸版，曰闸河，曰闸官，以利漕艘往来。即此字之转注。"

引用上面两段文字，旨在说明在许慎那时闸还只是普通的门，没有"水闸"的含义，但到了朱骏声这时就明确说闸是水闸。从东汉到清朝，中间隔着很大的时间跨度，不知闸是从什么时候开始成为"水闸"

绍兴的石宕遗址

223

的专用名称的。答案是，至少南宋就这样了。我们以陆游之诗为证。

《大雨》："今年景气佳，有祷神必答。时时虽闵雨，顾盼即沾洽。绵地千里间，四月秧尽插。季夏雨三日，凄爽欲忘箆。潴水如塞河，决水如放闸。"又《秋声》："萧骚拂树过中庭，何处人间有此声？涨水雨余晨放闸，骑兵战罢夜还营。"

许慎与马臻是同时代人，所以东汉鉴湖初成，我们习惯称"鉴湖三大斗门"而不说"鉴湖三大闸门"！

三

以"治水"命名的广场在国内外都不会多见吧！绍兴历史上的治水人物、治水工程、治水功绩、治水文化卓著于世，所以在绍兴城内环城河边建有治水广场。

绍兴治水广场由治水纪念馆、治水广场、碧水小筑等组成。

治水纪念馆陈列绍兴历代治水的史料与图片。

广场上有大禹、马臻、汤绍恩三位治水先贤的雕像。

碧水小筑是一处三面环楼的仿古建筑，有回廊贯通。

此外，还有一堵镌有《治水广场碑记》的巨型照壁掩隐在绿树丛中。

绍兴治水广场

四

山阴故水道为我国早期人工运河之一，在中国运河发展史上有着很高的地位。

春秋吴越争霸，句践兵败质吴三年，归，卧薪尝胆，立志报仇。经过二十年努力，这一天终于到来。大军启程之日，越国父老敬献壶浆为越王饯行，预祝越王旗开得胜。但是人多酒少，句践接过酒坛，将美酒倒进河里，然后命将士迎流而饮。"投醪河"或"劳师泽"或"箪醪河"，名声由此长传不朽。

而山阴故水道与投醪河的关系仅是城墙之隔，也就是说，在城里的一段叫投醪河，出东郭门便叫山阴故水道了。

投醪河出东郭门后不久便分岔，一支继续绕城成为环城河，一支向东与浙东运河在今五云门以东的散花亭附近相交。

过了东湖风景区，在104国道皋埠段，有个看似挺寻常的加油站。

投醪河

但它的不寻常之处在于，前门临国道，给过往车辆加油——这确实很普通！后门临东鉴湖（亦即浙东运河），给往来船舶加油。

《越绝书》卷八载："山阴古故陆道，出东郭，随直渎阳春亭。山阴故水道，出东郭，从郡阳春亭。"这个加油站成了同时为山阴古故陆道和山阴故水道提供服务的水陆立体加油站。

五

今天杭州萧山有座城山，宁波余姚也有座城山，本来地名重名也不算稀奇，但稀奇的是这两座城山分别守着浙东运河的两头——萧山的城山外是钱塘江，余姚的城山外是余姚江。两个城山又都流传着丰富的越国故事，出土了丰富的越国时代文物！

水陆立体加油站

余姚江

这种现象是否表明浙东运河早在越国时期就已经贯穿宁绍平原?

六

与浙东运河一样,被《越绝书》遗漏的还有南池、坡塘、塘城和西长山等。

南池遗址在鉴湖马园胡家塔的旯旮,询问当地人,都回说不知道,找到一位老人,人虽热心,只是东拉西扯不着边际,不断启发他,此人都懵懂,最后提醒说那堤上以前掘过防空洞的⋯⋯这才恍然大悟,连说自己也掘着的,当地人叫塘岭岗,说完领我们去敲一户人家的门,说明来意,将我们领进院子才告辞。我们仔细看了这户人家的院子,发现堤坝的残体成了他们家自然的墙壁。

堤坝残体整修后成为院落的墙壁

南池和坡塘，《越绝书》是漏记了，但《嘉泰会稽志》却作了补记！其卷十《池·山阴县》曰："南池在县东南二十六里会稽山。池有上下二所。《旧经》云：范蠡养鱼于此……今上破塘村乃上池。"这段话说得模棱两可，意思是南池有上下二池，破塘村是上池。但南池是南池，坡塘是坡塘——如果破塘就是坡塘的话！

因《嘉泰会稽志》语焉不详，所以或可作这样的解读：南池是下池，坡塘

坡塘老岳庙

是上池，下池养的鱼主供官民，上池则是王家特供。二池开凿于句践返国不久，为我国最早的水库，并开水库养鱼之先河。

当地传说堤坝是秦始皇破坏的。

坡塘还有一座老岳庙。一般以为是东岳庙。其实不然，东岳庙祀东岳大帝，宗庙在泰山，是光明之神，司人间万物生长。而老岳庙祀阎罗王，庙里还塑着阴森可怖的其他地狱鬼神，因此估计老岳庙是"牢狱庙"的谐音。结合越地其他同类老岳庙，推测此类庙当建于秦始皇时代。

坡塘掘断山

可能是当年秦始皇要破坏此塘，遭到抵抗，秦始皇就将抵抗者投入临时监狱。有人被关，就有人探监，更有人祈祷，后来就慢慢变成了庙，日久又谐音改成了老岳庙。

断塘遗址也在坡塘村。断塘附近是断塘水库，我们遇到一位姓唐的水利巡查员，一番交流，他提出先带我们去看"范蠡坝"，一到现场方知原来就是断塘！他不甘心，说再带我们去看看"掘断山"，原来他所谓

的掘断山就是古茶亭前的公路！他说，传说中范蠡养鱼的地方就是现在"掘断山"的位置。

这使我们感到很新奇——

如果断塘和掘断山在电脑上虚拟复原的话，它们基本平行，断塘在上游，掘断山在下游，这不就是梯级水库么！

在坡塘，我们产生了一个新的想法——南池和坡塘，都有上池和下池。范蠡比我们想象的要行！

坡塘还有个望潮亭，在坡南公路北山坡上，这是坡塘古道。亭内有庙，祀范蠡。

坡塘又有莲园，园中立有范蠡像。

七

《越绝书》云："富中大塘者，句践治以为义田，为肥饶，谓之富中。"

但是，富中大塘已经不复存在！好在有两个地名为我们指明了方向——东湖边的坝口村和吼山边的坝头山村。

坝口有一条划船江（俗讹为华顺江）穿村而过，并通到上游的坝内村。坝内村是古富中大塘的核心

富中大塘遗址

区域。

坝口村到坝头山村，大致就是从东湖到吼山的一段。这一路上时而河边，时而山脚，时而在田野中间，走过石桥、古庙、村落、旷野，路并不长，却浓缩了江南农村田园牧歌所应该具备的所有元素。

当年，越国以举国之力建成富中大塘，围垦农田数万亩，成为越国的主要粮产地。

但东汉鉴湖建成后，富中大塘纳入其拦蓄范围。它的湮没无可避免。

八

练塘在绍兴市上虞区东关街道联星村。这里是山阴故水道的尽头。《越绝书》卷八记载："练塘者，句践时采锡山为炭，称炭聚，载从炭渎至练塘，各因事名之。去县五十里。"

《越绝书》中的这个"练塘"应该就是炼塘。越国所有的塘，不是用于垦种就是用于养殖，都是生产性的，只有练塘例外——它是个冶炼基地，是"兵工厂"，所以被安排在东部边境，这里离吴国最远！

炼剑桥

今塘已不存，只有村外位于浙东运河上的练塘桥和村中的炼剑桥以及练塘庙（土谷神祠）仍在。

九

鉴湖，又称庆湖、镜湖等。当时地跨山阴、会稽二县，现分属绍兴市的越城区、柯桥区和上虞区。它西起今钱清的广陵斗门，经湖塘、柯岩、柯桥、东浦、灵芝、北海、城南、迪荡、皋埠、陶堰、东关，到曹娥的蒿口斗门。堤坝全长 56.5 千米，水面面积保持在 200 平方千米上下，湖中岛屿 115 个。

鉴湖以其堤坝之长，泄水设施之多——《水经注》载有水门 69 处著称，但这是个变量！不过无论怎么变，其数量在相当长时期都稳居全国之首。此外，以松木桩和沉排处理建筑物基础，亦开国内之先河。采用"则水牌"掌握水位，以便于调控，亦属时代先进观念、先进技术。

鉴湖的建成，使堤外九千顷土地改造成良田具备了条件，山会平原从此由"荒服之地"发展成"鱼米

春夏秋冬则水牌

之乡"。在六朝,鉴湖步入了山川审美。它的美可以王献之的一幅书法杂帖作为概括:"镜湖澄澈,清流泻注,山川之美,使人应接不暇。"到唐朝,鉴湖更成为浙东"唐诗之路"的重要节点。此后,鉴湖由高峰逐渐走低,乃至堙废。

南宋陆游有诗赞云:"千金不须买画图,听我长歌歌镜湖……"(《思故山》)但他同时也哀叹:"山阴泆湖二百岁,坐使膏腴成瘠卤……小人那知古来事,不怨豪家惟怨天!"(《甲申雨》)他的数千首创作于鉴湖畔的诗篇堪称"南宋鉴湖史诗"!

今日之所谓鉴湖,只是古鉴湖残留的一小部分,面积已是十不及一。保存较好的有城西偏门东跨湖桥至湖塘街道西跨湖桥的一段、城西北郊的青甸湖(庆田湖)、福全的厕石湖、皋埠的洋湖泊和百家湖、陶堰的白塔洋、长塘的康家湖等。

十

广陵桥在钱清虎象村,它的前世是广陵斗门。广陵斗门是古鉴湖三大斗门之一,也是鉴湖的最西端,它的外面就是夏履江。

抱姑堰在三西村抱姑自然村。这里曾经是古代的水利工程,如今堰址上改造的抱姑桥仍在。

关于"抱姑"之名的由来,清《嘉庆山阴县志》上有一则故事:传说抱姑堰刚刚开始修筑,徭役就压得当地百姓叫苦连天。有一户人家的工地正好被划分在潮水的冲击口,一家人辛辛苦苦劳作一天,到了晚上却全被潮水冲毁。就这样,这一户人家白天挑筑,夜里被毁……面对如狼似虎的役吏,家中婆母越想越伤心,心一坚,扑通跳入河中自寻短见。她的儿媳正在四处寻找婆婆吃饭,猛然见到婆婆的尸体浮在水面上,便不顾一切跳入水中,将婆婆的尸体拖上岸。事后,村里人都夸赞这位媳妇。后人为传颂这位孝顺新妇,就把后来筑成的堰叫做"抱姑堰",村以堰名。

《嘉庆山阴县志》

十一

在 104 国道上停车观察，偶然发现身边的桥叫小堰桥。

104 国道上的小堰桥

其实 104 国道绍兴一段的前世就是"山阴故陆道"，东汉马臻筑鉴湖时将之加高加固并利用作为堤坝。堤坝内是水库（即鉴湖），堤坝外是广袤的农田。农田要灌溉，在堤坝上开个口子就行，很是方便。因此说，《水经注》载有水门 69 处，不是个常量，而是个变量——104 国道的这一段上叫堰的地名多到举不胜举。如由广陵斗门向东，一路上有古新堰、童家堰、仁让堰、叶家堰、蔡堰、钟堰到绍兴城西偏门，绕到南门曾称南门堰，再到东门有东郭堰、都泗堰、石堰、皋埠堰、陶堰、彭家堰、王家堰、白米堰、樊家堰直到蒿口斗门，这尚不计诸如清水闸、湖桑埭之类有水利设施而不以堰称的地方。

清《嘉庆山阴县志》卷二十记载："南塘即古鉴湖塘，自南偏门西至广陵斗门六十里为山阴境，北东则抵曹娥。汉太守马臻所筑以捍湖水口。沿塘置十一堰五闸。今堰、闸或通或塞或为桥，多为居民填占。明嘉靖十七年知府汤绍恩改筑水浒东西横亘数百里，遂为通衢。"

西跨湖桥碑亭

十二

湖塘西跨湖桥由单孔石拱桥和四孔染式桥组成，拱顶两侧阳刻"西跨湖"三个隶书大字，北堍栏板上楷书竖行阴刻"大清嘉庆元年(1796)甲子孟秋，里人胡一峰、胡庆泰、胡配谦、胡涵三重建"等字。桥北堍还有碑亭。据《碑记》载，明万历二十八年(1600)、清嘉庆十年(1805)正月重建。桥下拱石有刻文，主要记载捐资修桥者姓名。

东、西跨湖桥均出现在南宋陆游的诗中。

会元桥，这是一座不太有人提起但却非常特别的桥——像纤道一样的桥身却又以蛇形弯曲的姿势通到对岸。绍兴

叶家堰村

旧俗有桥必有庙，对岸是莲华庵。关于莲华庵，目前仅在《绍兴佛教志》（浙江人民出版社 2003 年版）中找到它的点滴文字。该书云："莲华庵，在湖塘会元桥。清乾隆间（1736—1795）建。屋 13 间。"

十三

"十里湖塘"向东有个叶家堰村，2018 年列为 AAA 景区。这里是型塘溪入鉴湖处，是柯岩风景区与"十里湖塘"相接的地方，村子直面宽阔的鉴湖水面，堪称风景殊异。

当年的堰早改成桥，堰桥如今是村中的休闲公园。并保留"堰下头"等地名。

邻村有州山村和埠头村，流传着许多有关塘与闸的民间故事。

十四

清水闸村，村以闸名。清水闸的闸槽构件已被起出树在绍兴治水广场。

附近是陆游三山故里。

三山，指行宫山、韩家山、石堰山三座相距不远的孤丘。

陆游故里

十五

从三山经画桥、快阁到钟堰,是鉴湖的又一绝佳处,路程不长,也是十里。

画桥在鉴湖上,离三山不远。陆游诗中经常提及此桥。现在桥的两边布置有鉴湖文化长廊。

不远处便是钟堰。钟堰,古作中堰,俗称钟堰头,是古鉴湖水门之一。陆游有《泛舟自中堰入湖》诗。

古钟堰遗址

十六

青甸湖在绍兴市越城区灵芝街道。其实,"青甸"系"庆田"之误!

南宋《嘉泰会稽志》不载青甸湖。这说明其时青甸湖与鉴湖连成一片还没有独立成湖。

明嘉靖《山阴县志》卷二《山川志·湖》记载:"青田湖,去县西十五里,周回二十余里,溉田二千亩,产菱芡之利。"这说明由于围垦,青甸湖从鉴湖分离出来。

一处水面被分割出来,为什么会叫"青甸"或"青田"?这就需追溯至春秋的越国时期。公元前515年,

泗龙桥

《会稽郡故书杂集》

吴国公子光与伍子胥合谋,派刺客专诸刺杀吴王僚,篡夺了王位,他就是后来的吴王阖闾。吴王僚的儿子庆忌匆匆中向北投奔卫国,他的家眷则渡过钱塘江南逃到了越国,越人怜悯他们,就划给他们一大片湖泽之田自谋生存,并称他们这一族为"庆氏",名他们谋食的湖田为"庆湖"。东汉时,因避汉安帝之父刘庆的名讳改姓贺。这个记载见于鲁迅辑《会稽郡故书杂集》中三国谢承《会稽先贤传·贺氏》,原文是:

> 贺本庆氏,后稷之裔。太伯始居吴。至王僚遇公子光之祸。王子庆忌挺身奔卫。妻子逆度浙水,隐居会稽上。越人哀之,予湖泽之田,俾擅其利。表其族曰庆氏,名其田曰庆湖。今为镜湖,传讹也。汉安帝时,避帝本生讳,改贺氏,水亦号贺家湖。

鉴湖的来历大致是这样的:开始叫庆湖,后来因汉安帝刘祜的父亲叫刘庆,要避讳就改成了贺湖,镜湖只是讹传。到了宋朝,宋太祖赵匡胤的爷爷叫赵敬,又犯讳了,于是再由镜湖改成鉴湖。

青甸湖西端有泗龙桥,宛如长虹卧波,气势宏大。一般认为因桥墩凿有4只龙头,故名泗龙桥。其实不然,这是因为中国民间在信奉"观音菩萨"之前曾有一个崇拜"泗州大圣"的时期。绍兴有很多带有"泗"字的小地名,因为绍兴方言水、四、泗、施、赐、漍、苏、驷、狮同音,以至于不太为人注意。

如都泗门(也作都赐门),斗门附近有上石泗和下石漍,若耶溪出昌安门经泗汇头到海塘有一小村叫直落施,另外南部山区有上灶锁泗桥、稽东冢斜村石狮岗、尉村石苏、双坞村石水湾,上虞区有沥泗村和驿亭泗洲堂,上虞皂湖附近有四洲塘,诸暨马剑镇有狮源(旧名狮坑),新昌镜岭镇有泗坑溪,穿岩十九峰之一有泗洲峰,四明山、天台、会稽山古道上常有路廊名"泗州亭"。

十七

陆游有诗《东跨湖桥》。从前去兰亭,须从偏门走过鉴湖前街,过东跨湖桥一路向南。鲁迅《好的故事》描写的就是这段路上的景色。

现在,鉴湖前街没有了,东跨湖古桥没有了。好在,马臻墓(利济王墓)和马臻庙(马太守庙)还在,在东跨湖桥南堍。

会稽之地,南山北海,江流溪源这些淡水资源直泻入海,而海潮倒灌又可以直迫山脚。在马臻之前,春秋越国已经开始兴修水利,如富中大塘、塘城、吴塘等。马臻借鉴于此,组织13个县的民众筑了这样一个号称"八百里镜湖"的人工大湖。

湖建成于东汉永和五年(140)。因创湖之时淹没了太多的坟墓和住宅,同时也触犯了当地豪强的利益,马臻于是被刑于市。越人感念其功,将其遗骸由洛阳迁回山阴,安葬于鉴湖之畔(今绍兴偏门东跨湖桥南)。

马臻墓

十八

玉山斗门遗址即今绍兴市越城区斗门街道的斗门大桥。

一说始建于东汉马臻,一说为唐贞元元年(785)观察使皇甫政所建。唐朝时还是木制的,主要功能是调节鉴湖蓄泄。北宋嘉祐三年(1058),知县李茂先、县尉翁仲通改建为石砌斗门八孔,上建行阁,阁中建亭。1954年斗门闸被拆,在其基础上建桥,取名"建设"。1981年又拓宽江道,新建斗门大桥。运河园建成时,玉山斗门遗存被起出移至运河园展出,并书碑说明。运河园中的古鉴湖水利图碑还附有《古玉山斗门图》。

明嘉靖十六年(1537)三江闸建成后,玉山斗门并没有废弃! 让我们来读一读现代作家柯灵的散文《闸》:

水涨时一开闸,古潭似的静水就咆哮起来了。行人跑上老闸头,只听见满耳是轰轰的巨响,像动着春雷——不,有点像在高楼静夜听满山松涛。凭栏下望,世界在脚底暴变:别小觑那安静的小河,激怒了就胜似海啸,翻卷着,飞起万朵银花,汹汹然向镇外流去。

斗门老街

这是柯灵童年的记忆，因为他家离老闸头很近。斗门真正不再起到闸的作用应该是在 1954 年。

斗门老街是当年的海边市集，长仅三里，桥梁却有 10 座。街道均极狭窄，柯灵形容为"小街平静如太古"。现在就更不用说了。

十九

出城东都泗门便进入东鉴湖。东鉴湖与浙东运河重叠。

从前城内运河与东鉴湖有水位差，船过都泗堰可不是件容易的事。

如北宋时日本高僧成寻到中国旅行，留下《参天台五台山记》。此文详细记录了其在浙东运河的往返旅行，其过都泗堰的记录是："七日卯时开水门，船入城。五里过都督大殿，再五里至东水门都泗门，有牛埭。"

再如南宋皇帝赵构"航海避狄"要过都泗堰，因船大牛少，牛盘车绞不动他的御舟，就令卫士参与拖曳，宰相吕颐浩还亲自喊号子指挥，但仍未奏效。于是决定放弃御舟，为避免暴露皇帝行踪，下令将御舟劈碎……

过了都泗堰就是米行街。这里现在叫五市门，越国的时候叫吴市门！越国时有灵汜桥、雷门等，唐为贺知章之天长观所在。《宝庆续会稽志》记载："初，贺知章入道，以所居宅为观。始曰千秋观，寻改天长观……又筑长堤十里，夹道皆种垂杨、芙蓉，有桥曰春波，跨湖面。春和秋爽，花光林影，左右映带，风景尤胜，真越中清绝处也。"

《宝庆续会稽志》

236

后记

王柏振

　　两年前，《绍兴的水与船》作为生活风景档案课题的第一本册子出来后，我们就没有了退路，它催逼着我们将课题继续做下去，在反复讨论和研究后，我们决定做《绍兴的水与船》的姊妹篇——《绍兴的塘与闸》。方向定下后，鉴湖研究会参与了这个课题的文字编写工作，并提供了相关的资料图片。但在具体落实编辑任务时，有一个问题出来了，《绍兴的水与船》拥有丰富的系列性老照片，又具有诗、文等块面清晰的文史资料。现在《绍兴的塘与闸》显然缺乏能与文字资料相匹配的系列性图片。以现有的资料做成《绍兴的水与船》的姐妹篇，存在着很大的困难，编辑工作一度搁置。

　　在日后的研讨会上，有关专家提出采用现代航拍的手段，以获取《绍兴的塘与闸》系列性图像资料的建议。这个建议一方面符合生活风景档案课题的特性；另一方面，航拍手段所特有的视角，与传统老照片拉开了距离，它所形成的气质性反差，能为本书增添特色。我们觉得这个建议非常好，可行且有新意。问题解决了，接下来，航拍团队制定了严密的拍摄计划，冒着酷暑进行了田野考察。至此，文与图集合，《绍兴的塘与闸》可以付梓了。

　　回望来路，做本书时我们所碰到的问题不可谓不多，但这些问题最终在多方的合力帮助下都解决了。在此，首先要感谢鉴湖研究会和航拍团队的专家老师，其次要感谢西泠印社出版社与浙江越生的编辑团队，同时还要感谢政协同仁对文稿整理所倾注的大量心血。正是这样的合力，才得以让《绍兴的塘与闸》图文并茂地呈现在大家面前。

图书在版编目（ＣＩＰ）数据

绍兴的塘与闸 / 绍兴市越城区政协编. -- 杭州 ：
西泠印社出版社，2021.1
（生活风景档案 ；2）
ISBN 978-7-5508-3336-4

Ⅰ．①绍… Ⅱ．①绍… Ⅲ．①水闸－水利史－绍兴
Ⅳ．①TV66

中国版本图书馆CIP数据核字(2021)第014702号

生活风景档案2
绍兴的塘与闸

绍兴市越城区政协 编

出 品 人：江　吟
责任编辑：朱晓莉
责任出版：李　兵
责任校对：曹　卓　刘玉立
制　　作：浙江越生文化创意有限公司
出版发行：西泠印社出版社
社　　址：杭州市西湖文化广场 32 号 5 楼（邮政编码：310014）
电　　话：0571-87243079
印　　刷：绍兴市越生彩印有限公司
开　　本：889mm×1194mm　1/12
字　　数：250 千
印　　张：20.5
印　　数：0 001—2 000
版　　次：2021 年 1 月第 1 版　第 1 次印刷
书　　号：ISBN 978-7-5508-3336-4
定　　价：600.00 元